蒸压加气混凝土墙板
性能及应用

李振方　翟浩然　著

中国石化出版社

图书在版编目(CIP)数据

蒸压加气混凝土墙板性能及应用/李振方,翟浩然著.
—北京:中国石化出版社,2021.12
ISBN 978 - 7 - 5114 - 6516 - 0

Ⅰ.①蒸… Ⅱ.①李…②翟… Ⅲ.①蒸压 - 加气混
凝土 - 墙板 - 研究 Ⅳ.①TU528.2②TU756.4

中国版本图书馆 CIP 数据核字(2021)第 259198 号

中国石化出版社出版发行

地址:北京市东城区安定门外大街 58 号
邮编:100011 电话:(010)57512500
发行部电话:(010)57512575
http://www.sinopec-press.com
E-mail:press@sinopec.com
北京艾普海德印刷有限公司印刷
全国各地新华书店经销
*
710×1000 毫米 16 开本 6.75 印张 102 千字
2021 年 12 月第 1 版 2021 年 12 月第 1 次印刷
定价:55.00 元

编委会

前　言

　　2006 年，中华人民共和国建设部出台《国家住宅产业化基地试行办法》（下称《办法》），推进了装配式建筑在我国的发展。各地政府依照《办法》中的规定，建设了众多国家住宅产业化基地。同时，随着各地相关政策的颁布和试点（示范）城市的发展，各个省市通过"以点带面"扎实有效推进了装配式建筑工作的全面开展。其中，大力发展装配式预制墙体成为发展建筑工业化的一个现实问题。

　　新型墙体材料的预制墙板以复合材料为主体，拥有多样化的功能，适用范围比较广泛。目前，我国常见的装配式预制墙板主要分为加气混凝土类墙板、石膏类墙板、工业灰渣类轻质墙板、空心隔墙板、农作物秸秆纤维内墙板等不同材料的预制墙板。

　　蒸压加气混凝土墙板板是以水泥、石灰、硅砂等为主要原料，再根据结构要求配置添加不同数量经防腐处理的钢筋网片而制成的一种轻质多孔新型绿色环保建筑材料。经高温高压、蒸汽养护，生产出具有多孔状结晶的蒸压加气混凝土板，其密度较一般水泥质材料小，且具有良好的耐火、防火、隔音、隔热、保温等性能。本书针对蒸压加气混凝土类墙板的性能及应用进行了研究与分析。

　　全书共分为 5 章。第 1 章为"绪论"，主要对蒸压加气混凝土围护体系的研究现状进行了阐述；第 2 章为"蒸压加气混凝土（砌块）的性能"，主要从蒸压加气混凝土砌块吸水特性、抗压强度试验方法及测定因素、含水率与抗压强度关系、蒸压养护对加气混凝土的影响等方面进行了研究；第 3 章为"蒸压加气混凝土（墙板）的性能"，主要对墙板的抗弯性能进行了相关研究；第 4 章为"加气混凝土墙板的应用"，主要从洞口设计与加固技术，防裂关键技术，粘连的成因分析及解决的措施，产生生芯、水印的原因及解决方法，施工技术及应用等方面进行了研究分析；第5章为"轻质混凝土隔墙板发展方向的思考"，针对现状及发展方向进行了讨论。

感谢山东高速城乡发展集团有限公司领导和同事对本书的出版给予的大力支持和协助。

在撰写过程中，本书参考了国内外相关研究成果，谨向这些参考文献的作者表示衷心的感谢。

本书中阐述的一些方法和观点，有待更深入研究和分析，恳请读者批评指正。

目　　录

第1章 绪 论

第1节 加气混凝土的概念

加气混凝土是以硅质材料(砂、粉煤灰、含硅尾矿等)和钙质材料(石灰、水泥)为主要原料，掺加发气剂(铝粉)，通过配料、搅拌、浇注、预养、切割、蒸压、养护等工艺过程制成的轻质多孔硅酸盐制品。因其经发气后含有大量均匀而细小的气孔，故名加气混凝土。

加气混凝土，从广义上来讲是所有加了气的混凝土，包括加气混凝土砌块、泡沫混凝土及加了引气剂的混凝土。狭义上讲就是加气混凝土砌块。一般根据原材料的类别、采用的工艺及承担的功能进行分类。加气混凝土按形状可分为各种规格砌块或板材。加气混凝土按原料的不同可以分为蒸压(砂)加气混凝土砌块与蒸压(灰)加气混凝土砌块两种。加气混凝土按用途可以分为非承重砌块、承重砌块、保温块、墙板与屋面板5种。由于加气混凝土具有容重轻、保温性能高、吸音效果好、具有一定的强度和可加工性等优点，因而是我国推广应用最早、使用最广泛的轻质墙体材料之一。

第2节 蒸压加气混凝土围护体系研究现状

一、国内研究现状

我国早在20世纪30年代就开始生产和应用加气混凝土，当时只是小型的生产线，最初建在上海市的平凉路，但是其所生产的加气混凝土用于多座上海的代表性建筑，包括汇丰银行、国际饭店、新城大厦等。新中国成立以后，20世纪60年代，北京引进了瑞典Siporex公司的设备和生产技术，成立了我国第一家加气混凝土厂，使得我国加气混凝土生产进入了工业化时代。真正加气混凝土产业在我国的兴起是在改革开放后的 20 世纪 80 年代，到 21 世纪，我国加气混凝土产量已经超过 $650 \times 10^4 \mathrm{m}^3$。

李国强、方明霁等设计了一种两层足尺钢结构加气混凝土墙板和砌块围护墙的振动台模型试验，x 轴方向采用 150mm 厚加气混凝土墙板，y 轴方向采用 200mm 厚的加气混凝土砌块。输入 EL – Centro 波和 SH – G3 人工波进行加载，试验结果表明：砌块相比于外挂墙板对结构的刚度贡献更大，但是阻尼比贡献较小；建议外挂墙板结构弹性层间位移角取 1/200，砌体填充墙结构取 1/400。

李友庆、程才渊等通过 7 块加气混凝土墙板的抗弯试验研究出适合加气混凝土板材的配筋理论。试验采用 B06、A3.5 级、厚度为 100 ~ 200mm 的加气混凝土板材，测得板材的开裂荷载和开裂挠度，试验结果表明：现行《蒸压加气混凝土技术应用规程》的板材配筋方法不完全适用，应以板材的变形和强度同时控制板材的受弯承载力，并给出板材刚度和挠度的计算公式。

黄国宏、王波等对加气混凝土墙板的洞口设计方法与加固技术进行了研究。结合新加坡环球影城项目实例，详细阐述了加气混凝土墙板洞口设计依据和施工技术，并且介绍了竖板、横板和大板的门窗洞口节点构造。

曲秀姝、陈志华等通过测试 4 块加气混凝土墙板的挠度与承载力进行有限元分析研究。对 4 块加气混凝土墙板进行受弯试验，测得板材的荷载 – 位移曲线，然后利用 Ansys 有限元分析软件，建立加气混凝土板材模型，进行有限元计算，试验和计算结果表明：加气混凝土板材的破坏模式主要为弯剪破坏；并且首次在单块加气混凝土板的可靠性评估中利用结构冗余度。

金勇等通过加气混凝土墙板与梁柱连接节点的试验，研究了不同节点形式的受力性能。对 4 种常用的连接构件——勾头螺栓、直角钢件、钢管锚、斜柄连接设计 38 块板材，考虑不同厚度进行节点性能试验。试验结果表明：随着加气混凝土板材厚度的增加，节点的承载力也随之增加；板材的配筋对节点连接性能有很重要的影响。此外，他还测得了不同节点的极限承载力，试验数据表明其满足抗震规范中的"强节点，强锚固"设计思想。

赵滇生、陈亮等通过对空钢框架和带加气混凝土墙板的钢框架的拟静力试验进行有限元模拟，研究了不同悬挂方式对结构的承载力、刚度和耗能性能的影响。建立了 6 个单跨两层框架模型，考虑材料、几何和边界非线性，分别进行了单调加载和低周往复加载，计算结果和试验结果对比表明：Ansys 软件可以很好地模拟板材滞回性能，并且可以得到板材内部裂缝的开裂；在设计过程中不宜考虑外挂墙板的抗侧力作用，而内嵌墙板对结构的刚度和承载力提高较多，应在设计中考虑。

田海、陈以一通过设计一平面铰接钢框架，分别采用外挂式和内嵌式悬挂加气混凝土板材研究墙板的剪切刚度。试验模拟实际结构的围护墙体，采用不同的连接工法，单调加载至结构构件破坏，最终得到结构的荷载－剪切变形曲线，试验结果表明：当结构的层间位移角小于1/300时，符合结构的正常使用要求，并且可以提供一定的侧向刚度；板材的侧向刚度贡献与柱距、板材厚度、层高和节点形式有关，贡献率大致为17.2%~25.6%。

刘玉姝等通过7榀带加气混凝土墙板钢框架的低周往复荷载试验研究了墙体对框架结构的强度和刚度影响。试验过程分为柱子强轴和弱轴位于加载平面内的两组对比试验，钢框架内砌筑不同种类的加气混凝土砌块，分别进行单调加载和低周往复加载，试验结果表明：加气混凝土砌块墙体对结构的承载力与刚度影响很大，刚度增加了40%~60%左右；弱轴位于平面内的承载力增大了60%以上，强轴位于平面内时承载力增大了24%左右。

王甲春、曾骥等通过加气混凝土砌体的力学性能试验和加气混凝土填充墙体的拟静力试验，研究了框架与加气混凝土间的连接钢筋对墙体的抗剪承载力和变形性能的影响。试验采用A5.0规格600mm×240mm×200mm的加气混凝土砌块砌筑3面1:2的缩尺墙体，进行竖向和水平加载，试验结果表明：加气混凝土墙体的破坏主要表现为受拉开裂；填充墙体与主体结构间的连接钢筋有助于提高结构的屈服强度、承载力和延性。

中国建筑东北设计院联合清华大学、内蒙古建筑设计院等对加气混凝土板从单板的受弯性能到屋面板进行了过系统的研究，并且根据其弹性模量低、刚度小等特点，对板材进行了优化改进。结合各个单位的板材长期刚度试验，2008版《蒸压加气混凝土建筑应用技术规程》将板材挠度增大影响系数调整为2.0。并且还提出了屋面板存在防水层、板缝、增强屋面板整体性等构造措施。

二、国外研究现状

加气混凝土最早由瑞典建筑师Johan AxelEriksson在20世纪20年代发明，现在在全世界40多个国家和地区广泛应用。由于欧洲国家劳动力成本高、市场竞争激烈，加气混凝土制品早已由砌块产品转向预制墙板体系，并且开发了不需抹灰找平的加气混凝土板材。

在英国，加气混凝土板材占建筑保温围护材料的40%以上，为首选保温材料，板材主要以外挂墙板和实心墙板的形式应用于建筑中。

在德国，由于二战的影响，建筑材料匮乏，人们逐步产生了减少建筑垃圾的思想，使得Hebel公司的Ytong加气混凝土得到广泛应用，目前占德国建筑材料的60%以上。Hebel公司的Ytong加气混凝土还在中国、美国、新西兰和澳大利亚等国家建厂。

在波兰，加气混凝土砌块应用较多，但是板材的使用量也在逐年递增，截至2007年，加气混凝土使用量占41%左右。波兰的AGH科技大学与加气混凝土厂一直致力于研究轻质高强的加气混凝土，并取得了丰厚的科研成果。

苏联的加气混凝土研究始于1930年前后，在20世纪80年代，加气混凝土的容重普遍在600kg/m³，但是此时在圣彼得堡和叶卡捷琳堡地区低容重的加气混凝土板材也受到科研工作者的重视。此后，苏联引进了德国的Ytong的设备和技术，使得加气混凝土质量得到进一步提升。截至2013年，俄罗斯的加气混凝土年总产量达到$1400 \times 10^4 m^3$左右。

美国的加气混凝土发展比起欧洲要晚得多，直到1993年德国Ytong加气混凝土才进入美国的建筑市场。目前，美国75%的加气混凝土材料用于低层商业建筑和工业建筑，在民用建筑领域达到25%。在美国加气混凝土墙板除了应用于外墙、承重墙和隔墙外，还逐渐应用于加气混凝土楼板。与此同时，美国的混凝土协会编写了加气混凝土的设计和施工相关方法指南，美国国家标准研究院和测试与评价协会也制定了相关的规范标准。AERCON公司还开发了承重的配筋加气混凝土墙板，可以用于剪力墙、承重墙和楼板等。尽管加气混凝土在美国起步较晚，但是其发展和技术都达到了世界领先水平。

在日本，加气混凝土使用量截至2003年已经占建筑围护材料的80%左右，并且大多数应用加气混凝土板材。然而，日本的加气混凝土应用技术与欧洲国家大不相同，尤其是其抗震技术非常先进。在Hanshin – Awaji地震后，日本提高了墙体的抗震要求，因此，加气混凝土薄板的抗震节点技术广泛用于高层建筑。

目前，国际上的两个机构——国际建筑试验协会(IATM)和国际材料与结构研究试验联合会(RILEM)负责加气混凝土的研究和制定国际标准。其推动了世界加气混凝土产业的发展，相关研究成果和标准被世界各个国家借鉴与采用。

Narayanan和Ramamurthy总结了加气混凝土的微观结构，研究了加气混凝土中使用沙或火山灰做填充材料的技术，利用加气混凝土的微观结构来分析材料的抗压强度和干燥收缩性能，使用 X – 射线衍射(XRD)进行加气混凝土的成分分析。

Ronald 等研究了掺加粉煤灰的加气混凝土的材料性能，研究表明：提高加气混凝土的压缩强度的同时，也会增大其拉伸强度；可以通过增高加气混凝土的密度来提高其抗压强度。

Imran 和 Aryanto 研究了钢筋混凝土框架填充轻质材料的抗震性能，通过两个模型的低周往复加载，得到结构的滞回曲线。试验结果表明：加气混凝土砌块填充墙在破坏时起到支撑作用，并展现出斜裂缝；黏土砖填充墙的破坏表现为滑动剪切和局部破坏，两者的强度、延性和耗能相近；加气混凝土的初始刚度模型符合 FEMA306 模型，且加气混凝土初始刚度小于砖砌体填充墙，但是滞回性能优于砖砌体。

Danie 和 Memari 研究了两种美国市场新推出的加气混凝土板材节点抗震性能。通过不同节点形式的加气混凝土板材横挂和竖挂的拟静力试验，得到了构件的荷载–位移曲线。试验结果表明：勾头节点的板材没有明确的破坏界限，因为破坏集中在连接部位，导致结构的破坏和最终极限同时发生。

三、蒸压加气混凝土墙板在建筑中的应用

加气混凝土可以广泛应用于工业建筑、商业建筑和住宅建筑的围护墙体、内隔墙、屋面板、楼板及承重和非承重砌块。目前，加气混凝土是唯一可以满足建筑节能标准的单一质材料，但是目前在我国，加气混凝土仅仅用作替代黏土砖，而忽视了其建筑节能的作用。加气混凝土与其他建筑材料相比一般具有以下特点：

(1)容重低。加气混凝土的容重与其物理力学性能密切相关，我国目前较多使用容重为 $400 \sim 700 kg/m^3$ 的加气混凝土，其容重仅为黏土砖的1/3，因此，可以大大降低结构围护墙体的自重。

(2)保温能力好。B04 加气混凝土材料的导热系数为 $0.12W/(m \cdot K)$，仅为黏土砖的1/5。采用加气混凝土材料通常不需再附加保温隔热材料即可满足建筑节能标准，因此可以降低建筑的造价。

(3)强度偏低，但是强度利用系数高。加气混凝土的强度与其孔隙成正比，即密度越大，加气混凝土强度越大。但是工程应用中需要轻质、高强的加气混凝

土材料，因此，生产过程中会加入添加剂使其产生大量孔隙，同时还需相应的措施保证强度下降不致过大。虽然总体加气混凝土强度较低，但是其骨料均匀性和成品匀质性较好，一般加气混凝土砌体强度约为其立方体强度的70%~80%，所以强度利用系数较高。

(4)耐火性好。在温度达到700℃以前，加气混凝土材料的强度不会丧失，而且由于加气混凝土采用无机材料，不可燃，可以满足4小时的防火墙要求。重要的是，其受热后不会产生对人有害的气体。但是在加气混凝土材料受热超过80~100℃时，会出现收缩开裂。

(5)吸声隔声性能较好。加气混凝土的吸声系数一般为0.2~0.3之间，其隔声性能由于受"质量定律"的支配，即质量越轻其隔声性能越差，所以单一加气混凝土隔声性能并不好，但是通过双面抹灰等一些建筑措施，100mm厚的加气混凝土墙板隔音量可达41dB，且随着厚度的增加而不同，大约为40~60dB。

(6)抗渗性能好。加气混凝土材料内部孔隙多为"墨水瓶"式，直径约为1~2mm，较少为毛细孔，因此，材料的毛管作用较差，而且这些孔隙多为密闭不连通的，所以导致水分不易渗透。在用作建筑外围护墙体时，板缝用专用密封胶进行防水，可以有效起到防水密封作用。因此，加气混凝土墙板外墙具有良好的抗渗性能。

(7)干燥收缩小。与其他建筑材料一样，在干燥坏境中加气混凝土收缩，潮湿环境中膨胀，且干缩值随着材料含水率的降低而减小。由于加气混凝土的制备过程中经历了高温、高压养护阶段，因此成品不会有太大的收缩问题。施工过程中，只要控制好墙体含水率，其收缩值即可满足建筑要求。

由于加气混凝土材料具有以上特点，使得其在现代建筑中的应用有很多优势，主要表现为绿色环保、节约能源、降低建筑耗能和减轻结构自重有利于抗震等。对于高度小于50m的质量、刚度分布均匀的建筑而言，水平地震作用与其自重成正比。因此，采用加气混凝土可以有效减轻结构自重，从而降低结构的地震作用。

第2章　蒸压加气混凝土(砌块)的性能

第1节　蒸压加气混凝土试块吸水特性

一、试验方法

吸水率测定过程中，按照《蒸压加气混凝土性能试验方法》(GB/T 11969—2008)中的试验方法进行试验，取一组3块试件放入电热鼓风干燥箱中，在(60±5)℃温度下保温24h，然后在(80±5)℃温度下保温24h，最后在(105±5)℃温度下烘干试样至恒重；试样冷却至室温后，放入水温为(20±5)℃的恒温水槽内，加水至试件高度1/3处，保持24h，再加水至试件2/3处，保持24h，最后加水高出试件30mm以上，保持24h，从开始加水至加水结束24h后，测定蒸压加气混凝土砌块的质量随时间的变化情况，最终计算蒸压加气混凝土砌块吸水率随着时间的变化情况。

二、结果与分析

1. 水泥－石灰－硅砂体系

以硅砂作为蒸压加气混凝土砌块的主要原材料，辅以水泥、石灰、铝粉、脱硫石膏制备以硅砂为主要原材料的蒸压加气混凝土砌块，分别制备A3.5、B06级和A5.0、B07级两种蒸压加气混凝土砌块。

两种等级蒸压加气混凝土砌块吸水率与时间的关系如图2－1所示。

由图2－1可知，随着时间增加，对于水泥－石灰－硅砂体系蒸压加气混凝土砌块的吸水率逐渐增加，在0～10h试件吸水率增长最快，在10～48h试件吸水率增长稍微缓慢，在48h以后试件的吸水率趋于饱和状态。蒸压加气混凝土砌

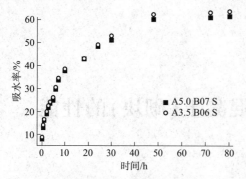

图 2-1 水泥－石灰－硅砂体系
吸水率与时间的关系

块密度等级越低，则其吸水率越大，说明 B06 级蒸压加气混凝土砌块的孔隙率较 B07 级大。

2. 水泥－石灰－粉煤灰体系

以粉煤灰作为蒸压加气混凝土砌块的主要原材料，辅以水泥、石灰、铝粉、脱硫石膏制备以粉煤灰为主要原材料的蒸压加气混凝土砌块，分别制备 A3.5、B06 级和 A5.0、B07 级两种蒸压加气混凝土砌块，两种等级蒸压加气混凝土砌块吸水率与时间的关系如图 2-2 所示。

从图 2-2 可知，水泥－石灰－粉煤灰体系的蒸压加气混凝土砌块的吸水率随着时间的增加而增加，但在 0~3h 试件吸水率增长最快，在 3~48h 试件的吸水率增长缓慢，当吸水时间大于 48h 后，试件的吸水率基本趋于饱和。同样地，对于水泥－石灰－粉煤灰体系，在相同的吸水时间内，B06 级比 B07 级吸水率大。

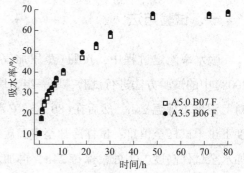

图 2-2 水泥－石灰－粉煤灰体系
吸水率与时间的关系

3. 水泥－石灰－硅砂体系与水泥－石灰－粉煤灰体系吸水率对比

在相同的吸水时间内，水泥－石灰－粉煤灰体系蒸压加气混凝土砌块吸水率大于水泥－石灰－硅砂体系蒸压加气混凝土砌块，说明粉煤灰加气混凝土较硅砂加气混凝土孔隙率大。两种体系的加气混凝土均在 48h 以后吸水率趋于饱和，因此，在加气混凝土浇水浸润 48h 以后进行砌筑有利于增加砌体抗压强度、砂浆与砌体的黏结强度，从而增加了砌块的抗剪强度。

综上所述，两种体系对比结果如下：

(1)水泥－石灰－硅砂体系和水泥－石灰－粉煤灰体系蒸压加气混凝土砌块均在 48h 以后达到吸水饱和状态。

(2)对于两种体系的蒸压加气混凝土砌块，在相同的吸水时间内，均是 B06 较 B07 级吸水率高。

(3)对比分析两种体系的蒸压加气混凝土砌块可知，水泥－石灰－粉煤灰体系加气较水泥－石灰－硅砂体系加气吸水率高。

(4)通过对蒸压加气混凝土砌块吸水率研究可知，在加气混凝土砌筑、抹灰之前48h用水浸润，有利于改善蒸压加气混凝土砌体结构的强度。

第2节　蒸压加气混凝土砌块抗压强度检测因素

一、概述

抗压强度是蒸压加气混凝土砌块的重要技术指标，对于该项指标的检测方法按照标准《蒸压加气混凝土试验方法》（GB/T 11969—2008）的规定进行。标准规定，加气混凝土试件的制备应沿制品发气方向中心部分上、中、下顺序锯切一组100mm×100mm×100mm的3块试样，并且锯切时不得将试件弄湿，试样制备完成后，抗压强度试验需在含水率8%～12%的状态下进行。由此可见，整个制样与含水率调节的过程不仅较为繁杂，并且要求也很高。检测过程中，制样方法与含水率是否会对蒸压加气混凝土砌块的抗压强度结果影响很大，甚至导致不合格呢？本小节对这两个检测影响因素进行分析，采用不同制样方法、在不同含水率状态下对蒸压加气混凝土砌块的抗压强度进行试验研究。

二、制样方法对蒸压加气混凝土砌块抗压强度的影响

根据GB/T 11969—2008中的要求，锯切制备蒸压加气混凝土砌块试件时不得弄湿，但是在实际操作时，干切制样法会产生大量粉尘，从而影响制样人员的健康。为改善制样环境，避免制样过程中产生大量粉尘，建议采用湿切制样方法。湿切制样是指砌块切割过程中不断用水冷却刀片，起到保护刀片并减少粉尘的作用。

分别选取A3.5、B06和A5.0、B07两个等级同批次生产的蒸压加气混凝土砌块进行制样方法的对比试验。干切和湿切制样后，按照GB/T 11969—2008的要求调节砌块试样的含水率为8%～12%，然后分别进行抗压强度试验。抗压强度的检测结果见表2－1和表2－2，同时根据表2－1、表2－2的结果分别得到干切法与湿切法制样的波动变化（图2－3、图2－4）。

表2-1 B06 干、湿制样抗压强度结果对比

A3.5B06	抗压强度结果/MPa										
	1号	2号	3号	4号	5号	6号	7号	8号	9号	10号	平均值
湿法制样号	4.9	4.6	4.7	3.5	5.0	4.7	4.0	4.1	4.3	4.0	4.4
干法制样	4.0	4.7	4.0	4.1	4.3	4.4	5.0	4.6	5.9	4.9	4.6

表2-2 B07 干、湿切制样抗压强度结果对比

A5.0B07	抗压强度结果/MPa										
	1号	2号	3号	4号	5号	6号	7号	8号	9号	10号	平均值
湿法制样	6.2	6.2	5.7	5.7	5.9	6.6	7.0	6.2	5.6	6.9	6.2
干法制样	5.6	6.4	5.6	5.4	6.3	7.3	7.1	7.2	6.4	6.1	6.4

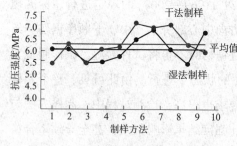

图2-3 不同制样方法对 B06 级蒸压
加气混凝土砌块抗压强度的影响

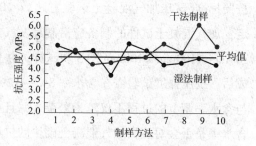

图2-4 不同制样方法对 B07 级蒸压
加气混凝土砌块抗压强度的影响

由表2-1、表2-2及图2-3、图2-4可知，对于 B06、A3.5 样品，干法切割的试件绝干强度平均值为 4.6MPa，湿法切割的试件绝干强度平均值为 4.4MPa。对于 B07、A5.0 样品，干法切割的试件绝干强度平均值为 6.4MPa，湿法切割的试件绝干强度平均值为 6.2MPa。两个等级的湿法切割试样抗压强度的平均值均略低于干法切割试样，个别湿法切割试样的抗压强度高于干法切割试样，不排除是由于样品本身强度不均匀所致，但两种制样方法的平均抗压强度偏差在4%左右。由此可以认为，干法制样和湿法制样对抗压强度的影响不是很大，为了避免制样加工过程中产生大量粉尘造成环境恶劣，危害制样人员的身体健康，建议采用湿法制样替代干法制样进行蒸压加气混凝土检测。

三、含水率对蒸压加气混凝土砌块抗压强度的影响

根据 GB/T 11969—2008 中的要求，蒸压加气混凝土砌块抗压强度的含水率

应在8%~12%之间，如果超出这个范围，应在(60±5)℃下烘至规定的含水率状态。为研究含水率对抗压强度的影响，选取 A3.5、B06 和 A5.0、B07 两个等级同批次生产的砌块，分别在含水率为 0、4%、8%、12%、16%的状态下进行抗压强度试验，抗压强度的检测结果见表 2-3 和表 2-4。

表 2-3　A3.5 B06 级不同含水率的抗压强度试验结果

含水率/%	抗压强度/MPa						与绝干强度偏差/%
	1 号	2 号	3 号	4 号	5 号	平均值	
0(绝干)	6.7	6.4	6.0	6.6	6.2	6.4	0.0
4	6.1	5.0	5.1	6.0	5.2	5.5	14.1
8	5.6	4.7	5.2	5.3	4.5	5.1	20.3
12	4.8	5.3	4.7	5.1	5.0	5.0	21.9
16	5.0	4.6	4.8	5.1	4.9	4.9	23.4

表 2-4　A5.0 B07 级不同含水率的抗压强度试验结果

含水率/%	抗压强度/MPa						与绝干强度偏差/%
	1 号	2 号	3 号	4 号	5 号	平均值	
0(绝干)	7.3	7.6	7.2	7.9	8.3	7.7	0.0
4	6.5	7.1	6.2	6.9	7.0	6.7	12.0
8	5.9	6.4	6.6	6.5	5.8	6.2	19.5
12	6.0	5.9	6.1	6.5	6.2	6.1	20.8
16	5.7	5.5	6.0	5.8	6.2	5.8	24.7

如表 2-3、表 2-4 所示，A3.5 B06 级和 A5.0 B07 级加气砌块由绝干状态增大含水率到 16%时，抗压强度降低了近 25%。其中，从绝干状态增大含水率到 8%时，抗压强度降低了 20%。由此可以看出，含水率对蒸压加气混凝土砌块抗压强度的影响很大，在绝干状态即含水率为 0 的状态下，砌块的抗压强度最高，随着含水率的增加，抗压强度降低。并且当含水率较低时，抗压强度下降速度很快，含水率为 4%试样的抗压强度较绝干状态降低了 10%以上，含水率为 8%试样的抗压强度较绝干状态降低了 20%，当含水率继续增大时，抗压强度的下降速度逐渐减缓。因此，在进行抗压强度试验时，必须将砌块的含水率控制在 8%~12%之间，如果砌块的含水率较低，抗压强度结果会偏高，尤其当含水率低于 4%时，抗压强度偏高可达 10%以上；如果砌块的含水率较高，抗压强度结果会偏低，甚至导致不合格。

综上所述，砌块的制样方法对抗压强度的影响较小，湿法制样的砌块抗压强度略低于干法制样的砌块强度，偏差为 4% 左右，为避免产生大量粉尘，湿法制样可替代干法制样。

含水率对蒸压加气混凝土砌块的抗压强度结果影响很大，抗压强度试验必须按照标准将砌块的含水率控制在 8% ~ 12% 之间，否则会出现抗压强度偏差太大，无法真实反映砌块抗压强度的结果。

第 3 节　蒸压加气混凝土砌块抗压强度试验方法

蒸压加气混凝土砌块是以硅质材料（主要含 SiO_2）和钙质材料（主要含 CaO）为主要原料，并以金属铝粉为发气剂，经配料、搅拌、浇筑、静停、切割、蒸气养护等工艺过程制成的多孔轻质硅酸盐砌块，是一种具有自重轻、强度高、保温性能好、易加工、可锯、可刨、可钉、工厂生产效率高、施工方便、原材料来源广泛且可利用工业废渣等良好性能的材料，被广泛用于建筑物的墙体材料中，在新型建筑材料发展中占有重要地位。

在《蒸压加气混凝土砌块》（GB/T 11968—2006）中规定了该产品的技术要求，分别有尺寸偏差、外观质量、抗压强度、干密度、强度级别、干燥收缩、抗冻性和导热系数（干态）共 8 项指标。在这 8 项指标中最重要的是抗压强度，抗压强度是评价墙体材料内在质量的关键指标，是建筑物结构承载的必备条件，其高低直接影响建筑物结构的承载能力和抗震性能，关系到广大人民群众生命和财产安全。因此，在试验时一定要严格执行抗压强度试验方法标准，为生产控制、建设单位、设计、施工、监理等提供准确无误的试验结果，以保证建筑物的安全性能。

在《蒸压加气混凝土性能试验方法》（GB/T 11969—2008）中，规定了蒸压加气混凝土抗压强度试验应在含水率 8% ~ 12% 下进行，如果含水率超过上述规定范围，则在（60 ± 5）℃下烘至所要求的含水率。试验时，要检查试块的外观，测量试块的尺寸，将试块放在材料试验机下压板的中心位置，试块受压方向应垂直于制品的发气方向，以（2.0 ± 0.5）kN/s 的速度连续而均匀地加荷，直至试块破坏，还要立即称取试验后全部或部分试件的质量，然后在（105 ± 5）℃下烘至恒质，计算其含水率。

由上述试验方法标准可以看出，该试验主要影响因素有试块含水率、发气方向和加荷速度这3个方面，试块的发气方向和加荷速度都容易控制，但含水率要控制8%～12%就非常困难，因为在做抗压强度时不知道蒸压加气混凝土砌块的含水率。如果试验后立即称取全部或部分试块的质量，得出试块烘干前的质量，然后在(105±5)℃下烘干至恒质，再得出试块烘干后的质量，那么计算出的含水率往往不符合8%～12%要求。蒸压加气混凝土生产企业产品出蒸压釜后通常会露天堆场，经过风吹雨淋日晒或堆放时间较长时，含水率会低于或者高8%～12%，如果直接做抗压强度试验后再测定含水率可能会导致抗压强度试验结果无效。为了保证蒸压加气混凝土砌块抗压强度试验结果的准确性和有效性，试验人员采取了多种方法，保证试块的含水率在8%～12%下进行抗压强度试验，但试验结果有一定的误差，而且试验工作量大，试验周期长。

因此，针对目前该试验方法存在的问题，本小节介绍了新旧蒸压加气混凝土砌块产品标准和试验方法标准的制定和修订过程，以及抗压强度试验方法存在的问题，对蒸压加气混凝土砌块抗压强度试验方法进行了研究，根据研究结果提出了《蒸压加气混凝土性能试验方法》（GB/T 11969—2008）和《蒸压加气混凝土砌块》（GB/T 11968—2006）标准的修订建议。

一、《蒸压加气混凝土砌块》（GB/T 11968—2006）制定和修订过程

1982年由原国家建筑材料工业部制定发布建材工业部部标准《蒸压加气混凝土砌块》（JC315—1982），推广了蒸压加气混凝土砌块在全国各省市的使用。之后，在1989年制定并首次发布了《蒸压加气混凝土砌块》（GB 11968—1989），首次发布实施日期是1990年8月1日，原《蒸压加气混凝土砌块》（JC 315—1982）标准作废。在《蒸压加气混凝土砌块》（GB 11968—1989）标准中抗压强度分为10、25、35、50、75共5个级别。该标准的贯彻实施对促进我国蒸压加气混凝土砌块发展和提高产品质量起到了积极作用。随着蒸压加气混凝土砌块品种的增加和建筑工程使用量的增大，标准有些内容已不能适应建筑工程的需求，要进行必要的修订和补充，以适应行业发展的需要。

1997年，该标准进行了第一次修订，内容增加了按强度级别划分产品等级的规定，提出了导热系数的要求，标准名称和编号是《蒸压加气混凝土砌块》（GB/T 11968—1997），实施日期是1998年6月1日，原《蒸压加气混凝土砌块》（GB 11968—1989）标准作废。在《蒸压加气混凝土砌块》（GB/T 11968—1997）标准中抗压强度分为A1.0、A2.0、A2.5、A3.5、A5.0、A7.5、A10.0共7个级

别，比《蒸压加气混凝土砌块》(GB 11968—1989)标准增加了 A2.0 和 A10.0 两个级别。

在 1997 年完成第 1 次修订后，我国蒸压加气混凝土行业随着建筑业的快速发展，企业的规模、数量增加，生产技术水平迅速进步。2006 年，标准又进行了第二次修订，修订时参考了德国、日本、英国、俄罗斯、法国等的相关标准，提高了优等品和合格品的尺寸允许偏差、外观质量和优等品的抗冻性要求，标准名称和编号是《蒸压加气混凝土砌块》(GB/T 11968—2006)，实施日期是 2006 年 12 月 1 日，《蒸压加气混凝土砌块》(GB 11968—1989)标准作废。在《蒸压加气混凝土砌块》(GB/T 11968—2006)标准中，抗压强度仍为 7 个级别，两次标准修订的抗压强度平均值和单组最小值的技术指标要求没有变化。例如，建筑工程中普遍使用抗压强度 A3.5 和 A5.0 级别，《蒸压加气混凝土砌块》(GB 11968—1989)标准中表Ⅱ(砌块的性能)、《蒸压加气混凝土砌块》(GB/T 11968—1997)标准中表Ⅲ(砌块的抗压强度)和《蒸压加气混凝土砌块》(GB/T 11968—2006)标准中表Ⅲ(砌块的立方体抗压强度)中的技术要求都是一样的，A3.5 级别平均值≥3.5MPa，单组最小值≥2.8MPa，A5.0 级别平均值≥5.0MPa，单组最小值≥4.0MPa。

二、《蒸压加气混凝土性能试验方法》(GB/T 11969—2008)制定和修订过程

1980 年，由原国家建筑材料工业部制定发布建材工业部部标准《加气混凝土抗压强度试验方法》(JC 267—1980)，在全国各省市规范了蒸压加气混凝土砌块抗压强度试验。1989 年，制定并首次发布《加气混凝土力学性能试验方法》(GB 11971—1989)，首次发布实施日期是 1990 年 8 月 1 日，原《加气混凝土抗压强度试验方法》(JC 267—1980)作废。在《加气混凝土力学性能试验方法》(GB 11971—1989)标准中要求抗压强度试块的含水率为 35% ±10% 下进行试验。

1997 年，该标准进行了第一次修订，修订时参考了国外先进标准，结合我国国情，对一部分内容和条款进行了修订，标准中抗折强度、轴心抗压强度和静力受压弹性模量试验，由含水率 6% ~10% 修改为含水率 8% ~12% 下进行试验，标准名称和编号为《加气混凝土力学性能试验方法》(GB/T 11971—1997)，实施日期为 1998 年 6 月 1 日。原《加气混凝土力学性能试验方法》(GB

11971—1989)标准作废。在《加气混凝土力学性能试验方法》（GB/T 11971—1997）标准中要求抗压强度试块含水率为 25%～45% 下进行试验，与《加气混凝土力学性能试验方法》（GB 11971—1989）标准要求一样，同时，规定如果含水率超过上述规定范围，则在（60±5）℃下烘至所要求的含水率，其他情况下可将试块浸水 6h，从水中取出并用干布抹去表面水分，在（60±5）℃下烘至所需要的含水率。

2008 年，标准又进行了第二次修订，修改了抗压强度试验含水率要求，增加了干燥收缩特性曲线绘制方法，标准名称和编号是《蒸压加气混凝土性能试验方法》（GB/T 11969—2008），实施日期是 2009 年 3 月 1 日，标准名称发生改变，原《加气混凝土力学性能试验方法》（GB/T 11971—1997）标准作废。在《蒸压加气混凝土性能试验方法》（GB/T 11969—2008）标准中要求抗压强度、劈裂抗拉强度、抗折强度、轴心抗压强度和静力受压弹性模量的试块在含水率 8%～12% 下进行试验，如果含水率超过上述规定范围，则在（60±5）℃下烘至所要求的含水率，并且还规定立即称取试验后的试块全部或部分质量，在（105±5）℃下烘干至恒质，计算其含水率。《蒸压加气混凝土性能试验方法》（GB/T 11969—2008）标准将《加气混凝土力学性能试验方法》（GB/T 11971—1997）抗压强度试块含水率由原来的 25%～45% 降低为 8%～12%，而且没有明确如果试块含水率低于 8%～12% 时，如何调整含水率进行抗压强度试验方法。

三、抗压强度试验方法存在的问题

在《蒸压加气混凝土性能试验方法》（GB/T 11969—2008）标准规定了试块在含水率 8%～12% 下进行试验，如果含水率超过规定范围，则在（60±5）℃下烘至所要求的含水率，但是如果含水率低于规定范围，在该标准中则没有明确该如何进行试验。并且在该条款中明确规定了试块的受压方向应垂直于试块的发气方向，但在日常检验过程中，时常出现试块未标注发气方向或标注发气方向不正确的情况。

如果样品含水率超过 8%～12%，按照《蒸压加气混凝土砌块》（GB/T 11968—2006）标准的要求，样品数量出厂试验 3 组 9 块，型式试验 5 组 15 块，在日常试验过程中，建议将样品数量出厂试验增加 1 组 3 块和型式试验 2 组 6 块，作为备用试块，用于预先试验试块含水率。试验时，称取备用试块烘干前质量，然后放在(105±5)℃下烘干至恒质，测量出备用试块含水率。根据已知备用试块含水率，在(60±5)℃下烘至所要求的试块含水率，立即称取抗压强度试验后试块的全部或部分质量，然后在(105±5)℃下烘干至恒质，计算试块含水率并确认是否符合8%～12%。如果备用试块含水率没有代表性或者试块的含水率波动大，也会导致试验后试块含水率不在8%～12%的范围内，从而导致试验结果无效，影响试验完成时间。

如果样品含水率低于8%～12%，在《蒸压加气混凝土性能试验方法》(GB/T 11969—2008)标准中没有明确含水率低于8%～12%如何进行试验，造成抗压强度试验时存在很大的困难，试验周期也比较长，一般在7天以后才能得出抗压强度试验结果。目前，全国大多数试验室基本都采用下述3种方法：第一种是先做试块烘干后质量，然后泡水6～8h，将试块从水中取出，用毛巾抹去表面水分，再放入电热鼓风恒温干燥箱，在(60±5)℃温度下烘至所需求含水率为8%～12%的试块烘干后质量，符合试验条件要求后做抗压强度。第二种也是先做试块烘干后质量，根据试块烘干后质量反推计算出试块含水率为8%～12%时的质量，然后泡水20～90s，浸入一定量的水。将试块从水中取出，用毛巾抹去表面水分，用电子天平称取试块质量，将符合含水率为8%～12%的试块放入恒温恒湿养护箱养护或放入塑料袋包装密封常温养护3天，做抗压强度试验，立即称取试验后试块的全部或部分质量，然后在(105±5)℃下烘干至恒质，再次确认含水率是否符合要求。第三种还是先做试块烘干后质量，根据试块烘干后质量反推计算出试块含水率为8%～12%时的质量，然后泡水20～90s，浸入一定量的水，将试块从水中取出，用毛巾抹去表面水分，用电子天平称取试块质量，符合含水率为8%～12%的试块，立即做抗压强度试验。

大量试验认为，《蒸压加气混凝土性能试验方法》(GB/T 11969—2008)标准抗压强度试验时，试块在含水率为8%～12%下进行的可操作性太差，而且试块泡水和养护时间不统一，将造成试块外湿内干或者内湿外干，内部水分不均匀，这样不均匀的水分会给抗压强度试验结果带来一定风险，导致不同的试验室或者同一试验室的试验结果误差很大，判定结果不一致。

通过大量抗压强度试验研究可知：采用不同方法测量含水率，试块具有不同含水率和不同受压方向，不同企业同一批蒸压加气混凝土砌块都会使抗压强度增大或减小，如果试验人员未考虑到以上几个方面的影响，那么就不能保证试验结果的准确性。

第4节 蒸压加气混凝土含水率与抗压强度的相互关系

蒸压加气混凝土是目前为数不多作为单一墙体能达 50% 建筑节能要求的墙体材料，其具有质量轻、隔热保温性能好、可加工性强、施工简便、防火性能优异等优点，被广泛应用于民用和公用建筑墙体维护结构中。目前，大多数地区将蒸压加气混凝土材料的抗压强度列为工地进场复检验收、产品监督抽检等的必检项目，相关研究表明：含水率对蒸压加气混凝土的抗压强度影响较大，抗压强度会随含水率的变化呈现出一定的规律。因此，国家标准《蒸压加气混凝土性能试验方法》(GB/T 11969—2008) 对进行力学性能试验的试件要求其含水率需在 8% ~ 12% 之间，而实际应用中往往会忽视这一点。本小节立足于生产应用领域，对蒸压加气混凝土含水率与抗压强度的相互关系展开研究分析，并阐述产生这种关系的原因。

一、试验概述

试验样品：试验所采用的蒸压加气混凝土砌块为广州某建材公司的产品，密度及强度等级为 B06 A5.0 级，砌块经出厂检验满足《蒸压加气混凝土砌块》(GB/T 11968—2006) 的要求。

试件制备：抗压强度试件的制备与裁切按照《蒸压加气混凝土性能试验方法》(GB/T 11969—2008) 进行。每块抗压强度试件会在其砌块长度方向的前、后两个面相接的余料上裁切 100mm × 100mm × 10mm 的余料试件，将两块余料试件在 105℃ 的条件下烘干，得出两块余料试件含水率的平均值，根据此计算推断相对应的抗压强度试件在不同含水率时的质量。抗压强度试件含水率的调节是在 65℃ 的条件下进行的。

试验方案：将同一生产日期同一釜同一模的砌块计为一批，按相邻原则抽取 8 组作为一批试样，共取 10 批试样。其中，每组抽出 3 条砌块样品，共裁切出 9 块抗压强度试件，每批试样裁切得出 8 组共 72 块抗压强度试件，8 组试件分别对应的含水率为 30%、25%、15%、12%、10%、8%、5%、0%。其中，6 批次试件数据用于分析含水率与抗压强度的关系曲线及拟合计算模型，另外 4 批次数据则用于验证计算模型的合理性。为方便拟合关系曲线，当试验中试件含水率烘至对应设定点的 ±1% 以内时，即可认为到达该设定点。最后将每组试件烘至相应含水率后进行抗压强度试验，每组试件取平均值，即可得出相应含水率的抗压强度值。

二、试验结果分析及讨论

1. 试验数据分析

按照上述方案进行试验，得出试验用蒸压加气混凝土砌块的出釜含水率基本稳定在30%～37%之间，1～6批次试件数据如表2－5所示，7～10批次试件数据如表2－6所示。

表2－5　1～6批次试件不同含水率下抗压强度测试值　　　单位：MPa

批次	含水率：30%	含水率：25%	含水率：15%	含水率：12%	含水率：10%	含水率：8%	含水率：5%	含水率：0%
1	5.0	5.1	5.3	5.4	5.6	5.7	6.0	6.1
2	5.1	5.1	5.1	5.4	5.5	5.6	5.8	6.2
3	5.2	5.2	5.2	5.4	5.4	5.6	5.9	6.5
4	5.1	5.1	5.1	5.4	5.5	5.7	5.6	5.9
5	4.7	4.9	4.9	5.2	5.3	5.4	5.4	5.7
6	4.9	4.9	5.0	5.1	5.4	5.6	5.5	5.7
平均值	5.0	5.0	5.1	5.3	5.4	5.5	5.7	6.0

表2－6　7～10批次试件不同含水率下抗压强度测试值　　　单位：MPa

批次	含水率：30%	含水率：25%	含水率：15%	含水率：12%	含水率：10%	含水率：8%	含水率：5%	含水率：0%
7	4.8	4.8	4.9	5.2	5.3	5.4	5.5	6
8	4.6	4.5	5.0	5.0	5.4	5.5	5.7	5.9
9	5.0	4.9	4.9	5.2	5.3	5.4	5.6	6.1
10	4.9	5.0	5.0	5.1	5.2	5.3	5.6	5.8

由表2－6可知，试件含水率对其抗压强度有着明显的影响。一般情况下，含水率升高，抗压强度呈现下降的趋势；含水率相差越大，强度的下降趋势越明显。现以试件含水率为横坐标，抗压强度为纵坐标，一批次数据即可绘制出一条由8个散点连接成的趋势曲线，现将表2－6中的数据绘制成含水率与抗压强度

关系趋势图(图2-5)。

图2-5为1~6批次试件抗压强度与含水率的对应关系曲线图。从图中可以看出，该6个批次的试件含水率与抗压强度有较好的相关性及线性关系。以含水率为15%作为划分点，划分出0%~15%和15%~30%两个区间，含水率与抗压强度的关系趋势在这两个区间中呈现截然不同的特点。在0%~15%的含水率区间内，随着含水率的升高，抗压强度呈快速下降的

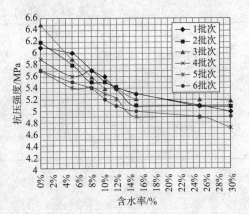

图2-5　1~6批次抗压强度与含水率
关系曲线图

趋势；试验中6个批次的试件含水率由绝干状态增大到15%，其抗压强度下降了13%~20%之多；在15%~30%的含水率区间内，随着含水率的升高，抗压强度

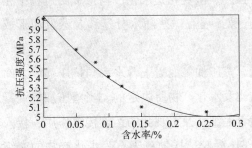

图2-6　抗压强度与含水率关系曲线

下降趋势平缓，基本上保持较小的变化幅度。利用Matlab数据分析软件对1~6批次试件在不同含水率下抗压强度的平均值做回归分析(图2-6)，得出试件含水率在0%~30%的区间内，含水率与抗压强度的关系式：

$$f(w) = 14.81w^2 - 7.865w + f(0\%)$$

$$(2-1)$$

式中，$f(w)$为含水率为w时的抗压强度，MPa；$f(0\%)$为绝干状态时的抗压强度，MPa；w为含水率，%。

根据式(2-1)与7~10批次试件的$f(0\%)$计算出7~10批次试件在其他含水率设定点的计算值$F(w)$，计算出实测试验测值$f(w)$与计算值$F(w)$之比(表2-8)。

从表2-7可以看出，式(2-1)与数据吻合较好，特别在8%~12%的含水率区间内，$f(w)$、$F(w)$的比值在0.97~1.03之间，吻合度较高，证明了式(2-1)具有合理性，在实际生产中具备一定的指导意义。

表 2 -7 $f(w)$、$F(w)$ 的比值

批次	$f(30\%)/$ $F(30\%)$	$f(25\%)/$ $F(25\%)$	$f(15\%)/$ $F(15\%)$	$f(12\%)/$ $F(12\%)$	$f(10\%)/$ $F(10\%)$	$f(8\%)/$ $F(8\%)$	$f(5\%)/$ $F(5\%)$
7	0.97	0.97	0.95	0.99	0.99	0.99	0.97
8	0.94	0.93	0.99	0.97	1.03	1.03	1.03
9	0.99	0.97	0.93	0.97	0.97	0.97	0.97
10	1.03	1.05	1.01	1.01	1.01	1.01	1.03

2. 试验结果分析

蒸压加气混凝土是一种内部充满孔结构的材料。这些孔可以分为宏观孔及微观孔，宏观孔是由发气剂所产生的均匀细小气孔，宏观孔之间存在孔壁；微观孔则是存在于孔壁中。孔壁由水化反应产物与未反应的原料颗粒组成，水化产物主要为托勃莫来石、水化硅酸钙(CSH)及水化石榴子石等组成，它们之间相关交织错合而形成骨架，则为材料提供了主要强度。微观孔是水化产物生成的过程中在孔壁上形成的晶间孔及 CSH 胶凝物间孔隙，还有一些随水分迁移及蒸发而形成的毛细孔也属于微观孔。

材料的微观结构决定着其宏观性能。蒸压加气混凝土含水率与抗压强度之间的相互关系正是由其自身所特有的孔结构及水化产物所决定的。当蒸压加气混凝土与外界环境的水分接触后，水分会随着毛细孔及宏观孔的运输传道作用，侵入到孔壁中的晶间孔及胶凝孔中，减弱 CSH 凝胶、托勃莫来石等水化产物的交织联结作用，使强度降低；而随着含水率的增大，这种由水分侵入而引起的削弱作用会更为明显。因此，当含水率升高时，抗压强度会出现下降的趋势。

与此同时，蒸压加气混凝土中的气孔约占其体积的 60% ~75%，气孔的孔径、形貌、级配及分布等也会影响其抗压强度的高低。其中，宏观孔对蒸压加气混凝土的抗压强度影响较大，如同密度的蒸压加气混凝土，气孔结构良好的制品比气孔不规则分布的制品强度要高很多；原材料的质量、水料比及生产工艺制度等都是影响气孔结构质量的重要因素。根据发气原理，气孔的产生、分布也必然具有一定随机性。同时作为提供强度的水化产物是不同结晶度的拖勃莫来石、CSH 凝胶及水化石榴石的混合物，由于原材料、生产工艺等因素的影响，混合物中不同水化产物的含量及比例也不同，这也会导致蒸压加气混凝土在相同含水率下抗压强度也会有所差异。

一般情况下，蒸压加气混凝土的含水率越高，抗压强度呈现下降的趋势；含

水率相差越大，强度的下降趋势越明显。在含水率为 0% ~ 15% 的区间内，抗压强度随含水率的上升而急剧下降；在含水率为 15% ~ 30% 的区间内，随着含水率上升，抗压强度变得较为平缓。

试验数据拟合出的曲线及计算公式与实际测试值有较高的吻合度，在实际生产应用中可供技术人员参考使用。

第 5 节　蒸压养护对加气混凝土的影响

蒸汽养护就是处理混凝土的环境温度处于 175℃ 左右下的养护，经过养护之后，能够提升混凝土的性能，使其强度可以有极大程度的提升。这种养护与其他混凝土养护工作最凸显的优势在于时间，使用蒸压养护的方式只要 18h 左右就能达到普遍混凝土养护工作需要进行一个月时间才能达到的效果。目前，时间对施工单位而言变得异常重要，直接关乎施工单位的工作进程、质量及经济效益。普通混凝土养护工作所需要的温度在 100℃ 以内，蒸压养护与普通养护之间的区别不仅体现在温度上，还体现在压强上。蒸压养护在高温高压下进行，能够在极大程度上提升混凝土的工作效率。除此之外，还需要对蒸压养护中的一些工作细节进行推敲，这样才能比对出工作中还存在哪些问题，从而通过人为的调控，提升混凝土蒸压养护的效果，控制好混凝土强度。

一、不同蒸压养护制度下的研究工作

蒸压养护过程中热传递需要在蒸压釜内进行，热传递是将蒸汽的热量由蒸养车、底板等设备中进行传递。在研究工作中还发现，坯体的温度会随着热量传递效率的提升而增强。混凝土是施工单位建筑施工的主要原材料，所以混凝土正发挥着越来越重要的作用。从这个角度出发，混凝土的质量直接影响到未来建筑企业的经济效益。因此，研究蒸压养护与混凝土性能之间的关系，具有非常重要的现实意义。

二、不同阶段的试验内容

1. 升温对制品性能的影响

蒸压养护能够提升混凝土的强度，为能够了解蒸压养护过程中对混凝土质量的影响关系，需要注重一些工作细节。从调查中发现，坯体在升温阶段中，一般升温所需的时间为 100min 左右。另外，在升温期间，容易出现生芯的问题，这样会使得后续工作难以继续，为了防止这种情况出现，需要提前做好应对措施，在升温阶段，做好通风，保证坯体内、外层之间没有非常明显的温度差，重视坯体热交换。同时，还需要根据生产中存在的问题，对一些常见的突发事件加以预防，比如注重了解升温阶段中，压力、蒸养时间等对坯体质量存在的威胁。在试验中采用的气压及处理混凝土的时间分别为 1.2kPa，7h，升温从蒸压开始两个小时之后进行，并以半小时的速度递增，按照这种速度到 5h 之后就可以停止。经过升温研究之后，可以发现一个规律，混凝土经过足够的静养，对其进行蒸压养护工作，能够在很大程度上优化蒸压养护对混凝土强度性能提升的效果。研究表明，升温阶段时间长短与混凝土强度的提升呈正相关关系。研究过程中，还对釜密度进行了研究，通过这种方式尽量还原蒸压养护与混凝土强度性能之间的关系。经过了解之后，对每段时间中混凝土强度的增幅程度也进行了研究，经过对比之后发现，混凝土升温时间在 3h 左右对混凝土强度性能的提升效果最为明显；但是只要短于这个时间，混凝土强度性能的增幅便会大幅度下降。出于经济及实际应用方面的考虑，需要对升温时间进行综合评定，考虑蒸压釜中的时间，保证使用较少的时间获得最大的经济效益。

2. 恒温对制品性能的影响

探讨恒温阶段对混凝土制品强度的影响关系时，须考虑硅酸混凝土对恒温阶段的影响，因为这方面因素将会直接影响加气混凝土的性能。在恒温环节中，时间对性能会产生非常大的影响，从试验阶段的结果中不难发现，恒温时间是影响水热反应的一个条件，所以要想保证结晶效果，就需要重视恒温时间的管控。为了能够了解不同时间对混凝土强度的影响关系，所以试验中分别测试 7h、8h、9h 中混凝土的质量问题。通过研究数据可知，恒温时间在 7 ~ 9h 时，恒温时间与混凝土强度的提升呈现出正相关关系。水泥 – 矿渣 – 砂加气混凝土所处温度范围在 200 ~ 213℃，经过养护能够强化混凝土强度。在研究过程中，采用控制变量的方式，但是实际工作中无法不考虑温度、湿度及其他因素对混凝土质量产生的影响，经过多方面的对比之后，发现将恒温温度控制在 8h 左右，既能满足混凝土的工作要求，还能使企业通过蒸压养护获取足够的盈利。

在恒温阶段，通过研究工作发现，制品养护阶段中，添加剂的使用种类及相应影响因素的调控会直接影响到混凝土的强度。通过研究发现，只要能够控制工作环境，将混凝土置于高温、高压的环境下进行水热反应，便能够在极大程度上提升工作效率，同时，混凝土制品的强度能够在一定程度上得以提升。

3. 降温对制品性能的影响

在降温阶段，应该控制好试验的变量条件，对恒温时间、温度等加以设计，之后便要根据时间了解其对混凝土强度的影响关系。从试验中可以发现，采用自然降温能够获得良好的效果。除此之外，还了解到混凝土处于降温时段时，其强度会随着温度的延长而呈现上涨的趋势，经过对比试验后发现，混凝土降温时间设定为 3h 最为合理。

研究蒸压养护对混凝土强度的影响对工程具有非常重要的意义。混凝土蒸压养护的过程中，其养护效果会受到温度、压强、湿度及养护时间等因素的影响，严重影响混凝土的质量，造成极大的资源浪费。因此，蒸压养护 3 个阶段的最佳养护时间至关重要。

第3章 蒸压加气混凝土(墙板)的性能

第1节 蒸压加气混凝土墙板结构性能试验

蒸压加气混凝土板是以水泥、石灰和砂等为主要原料,根据结构性能要求配置不同数量经防腐处理的钢筋网片所形成的一种轻质、多孔的新型绿色环保建筑材料,具有自重轻、耐火、隔音、隔热和保温等优点。目前,采用钢筋来加强蒸压加气混凝土板的抗弯性和抗裂性的蒸压加气混凝土配筋板作为屋面板、墙板和隔墙板等,已被越来越多地应用于多高层建筑结构及工业厂房建筑中。中国关于蒸压加气混凝土板设计可参考的规程主要有《蒸压加气混凝土建筑应用技术规程》(JGJ/T17—2008)和《蒸压加气混凝土板》(GB 15762—2008)。这两项规程与标准对于蒸压加气混凝土产品的检验、材料性能试验测定做出了相关规定,但对蒸压加气混凝土板的配筋设计仅有供设计人员参考的指导性条文。在实际生产过程中,生产厂家有必要参照规程对常用板材规格进行配筋设计,理论配筋设计结果可以通过试验研究和有限元模拟分析对比验正,从而推动蒸压加气混凝土板大规模的工业化生产及其在实际工程中的应用。

通过对4块蒸压加气混凝土墙板进行结构性能试验研究,验证了蒸压加气混凝土墙板的结构性能,对指导蒸压加气混凝土板的配筋设计及其推广应用具有重要意义。

一、试验简介

1. 试验构件

4块蒸压加气混凝土墙板试件(外墙板,编号分别为1#、2#、3#、4#)设计尺寸均为4500mm×600mm×150mm,采用水泥–石灰–砂加气混凝土。中速消解生石灰(消解速度为5~10min),消化温度为65℃,以防石灰消化过快而出现加气混凝土失水稠化、产品裂纹、气孔结构差等现象。此外，通过严格控制生石灰和砂浆的细度，保证产品浇筑时具有较好的稳定性，不出现明显分层，提高产品强度，上网钢筋和下网钢筋分别为 4 根直径为 10mm 的光圆钢筋，箍筋直径为 6mm，蒸压加气混凝土强度等级为 A5.0，干密度为 510kg/m³，参照 JGJ/T17—2008，考虑板材实际荷载计算并配筋，具体配筋方式参见图 3 - 1。

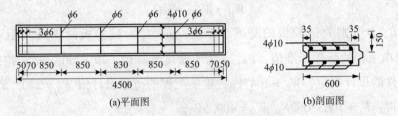

图 3 - 1　蒸压加气混凝土墙板配筋图

2. 试验装置

试验装置设计如图 3 - 2 所示，试验过程中采用百分表测量支座处及跨中处板材的竖向位移，在各个支座和跨中同一截面处各布置两个对称的百分表，采用刻度放大镜观察蒸压加气混凝土板的裂缝发展。由于蒸压加气混凝土板是在蒸压釜内，经高温高压蒸气养护形成的多孔轻质混凝土制品，其特殊的制造环境致使在焊接钢筋网片上布置应变片比较困难，因此，试验过程中无法测得钢筋应力。

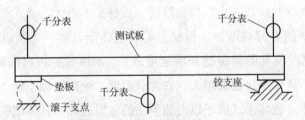

图 3 - 2　蒸压加气混凝土墙板承载力试验装置图

试验支座有两种：滚轴支座和铰支座。滚轴支座只限制板材的竖向位移，铰支座限制板材的横向位移和竖向位移。

3. 试验加载

采用均布荷载法对蒸压加气混凝土墙板进行结构性能测定。加载时，从板的两端向中部逐步加载。用砝码以荷载分级方式进行加载，每级荷载持荷 5min，待百分表读数稳定后，进行下一级加载。根据加载过程中所观察及记录的数据，可以将结构性能试验依次分为短期挠度检验、出厂检验(裂缝检验)和承载能力检验 3 个阶段。

短期挠度检验时，应加载的集中荷载计算值 F_1 和检验荷载特征值 W_H 分别按照式(3-1)、式(3-2)计算：

$$F_1 = W_H \cdot B \cdot L_0 \tag{3-1}$$

$$W_H = W_K - \rho \cdot D \tag{3-2}$$

式中，B、D 分别为试验板的宽度、厚度，m；L_0 为试验板两支点间距离，m；W_K 为单项工程的荷载标准值，Pa；ρ 为干密度计算值，取 8250N/m³；按照本次墙板试件的设计规定，$W_K = 1647$Pa，单项工程的荷载设计值 $W_R = 2305.8$Pa。经计算可得：$F_L = 1063.062$N，$W_H = 409.5$Pa。

在短期挠度检验阶段，荷载分为 5 级，每级大小为 $F_1/5$。计算所得每级砝码质量为 21.70kg，实际试验时每级砝码质量取为 20kg，静止持荷 10min 后，记录板跨中挠度。出厂检验阶段荷载分为 3 级，按照每级荷载增加值为 $(W_R - W_K) \cdot B \cdot L_0 \cdot 1/3 = 58.17$kg，实际试验时每级砝码质量取为 60kg。静止持荷 10min 后，观察试验板材是否出现裂缝，并记录。最后，进入承载力检验阶段，每级荷载取 $F_L/10$，实际每级砝码质量取为 10kg 直至板破坏。

二、结果与分析

在短期挠度检验阶段和出厂检验阶段，板材变形不大，尚无裂缝出现。在承载力检测阶段，随着荷载增加，板材上的裂缝逐渐开展，尤其以距离滚轴支座 1/4 板跨处板侧面位置的斜裂缝开展速度最快。4 块试验板材的破坏均表现为：随着荷载增加，跨中挠度逐渐增大；在加载后期，距离滚轴支座 1/4 板跨处斜裂缝宽度不断增大。破坏形式属于以弯曲为主的弯剪破坏。具体试验现象以 4# 板为例，简单概述如下。

加载到 9.607kN 时，板材底部跨中偏右的地方出现了细小裂缝，且裂缝较长。随着加载的继续，不断有微小裂缝出现。加载到 11.203kN 时，板靠近左边支座处出现了细小的贯穿底部的裂缝。加载到 11.618kN 时，板材跨中底部和距两边支座各 1/4 板跨处出现了多条贯穿底部的裂缝，裂缝宽度也有增大。加载到 12.028kN 时，距滚轴支座接近 1/4 板跨处外侧出现主斜裂缝。加载到 12.126kN 时，该主斜裂缝急剧扩展，裂缝宽度迅速变大，达到 1.5mm，此时认为板材已经破坏。继续加载到 12.430kN 时，裂缝宽度达到 2.5mm，此时认为不再适宜继续加载，试验结束。

4块板材的初裂裂缝均出现在承载力检测阶段，初裂裂缝一般出现在板材底部跨中位置，试验观察所得1#、2#板的初裂荷载分别为4.876kN、4.521kN，3#、4#板的初裂荷载分别为10.616kN、9.606kN。分析初裂荷载存在较大差异的原因是：蒸压加气混凝土外表为有空隙的稀疏材料，由于试验条件的限制和人为因素等，导致在试验前期裂缝的观测结果存在较大区别。但4块板材观察所得初裂荷载均处于承载力检验阶段，都能满足出厂检验的要求。

4块板材在接近破坏时，在接近滚轴支座1/4板跨处均产生了一条较宽的斜裂缝，该主斜裂缝出现后迅速延伸，使斜截面剪压区的高度缩小，最后使得受拉区加气混凝土分离，只有钢筋承受拉力，钢筋变形增大。此时，由于斜裂缝的宽度达到了GB 15762—2008中关于板材破坏标准的宽度限值，即认为板材不适于继续加载，已达到破坏。产生这种破坏形式的主要原因是蒸压加气混凝土属于脆性材料，其抗拉、抗剪强度较低。最终板的破坏荷载(最大裂缝宽度达到1.5mm时)基本稳定在12kN左右。整个板材的承载力大大超过了板材的设计承载力6.225kN，在破坏时仍有较大的安全储备。

绘制板材的荷载－跨中挠度关系曲线、荷载－支座位移曲线如图3－3所示。

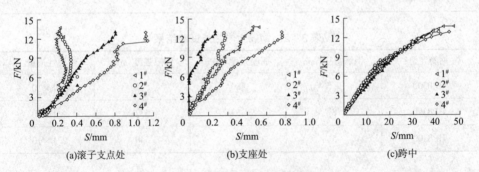

(a)滚子支点处　　　　　(b)支座处　　　　　(c)跨中

图3－3　荷载－位移变化曲线

由图3－3可见，在滚轴支座和铰支座处，板材的竖向挠度变化较小，各板材的测量值有所不同，但最大值不超过1.2mm，认为其竖向挠度差异在误差允许范围之内。随着荷载增加，板材的跨中挠度增加明显，4块试验板材的跨中挠度变化趋势基本一致，破坏时，板材跨中挠度的平均值为41.588mm。

第 2 节　加气混凝土墙板抗弯性能

一、试件材料

该试验方法根据《蒸压加气混凝土性能试验方法》（GB/T 11969—2008），蒸压加气混凝土标准试件进行抗压试验，得出试件的试测抗压强度。将试件放在万能材料试验机的下压板的中心位置，试件的受压方向应垂直于制品的发气方向。开动试验机，连续而均匀地加载，直至试件破坏。按照规范《金属材料拉伸试验：室温试验方法》（GB/T 228.1—2010），该次试验采用 HPB300 的光圆钢筋，直径规格为 $\Phi5$、$\Phi8$、$\Phi6.5$ 共 3 种，在加气混凝土制品的生产工艺过程中，盘条钢筋经过调直和高温蒸汽养护两个工序后，相当于对钢筋进行了"冷加工硬化"，从而保证了钢筋屈服强度的较大幅提高，试验结果见表3-1、表3-2。

表3-1　加气混凝土材性试验结果

板材强度	弹性模量	密度/(kg/m³)	f_{cu}/MPa	f_c/MPa
B04 A3.0	1900	420	4.53	3.74

表3-2　钢筋力学性能试验结果

钢筋类型	钢筋直径/mm	屈服强度/MPa	极限强度/MPa	弹性模量
HPB300	6.5	380	555	2.1×10^5
HPB300	8	357	537	2.1×10^5
HPB300	5	365	540	2.1×10^5

二、板材设计

6 块蒸压加气混凝土试件编号为 A-1、A-2、B-1、B-2、C-1 和 D-1。强度等级为 A3.0 级，密度为 B04 级。在同一生产批号的墙板中随意抽取，经目测板的表面无明显破损。设计尺寸为 4430mm × 600mm × 300mm 和 3400mm × 600mm × 300mm。试验板的具体形式和配筋情况如表3-3所示。

表3-3 加气混凝土板试件一览表

试件	尺寸/mm	配筋方式	配筋面积/mm²	板材类型	加载方式
A-1	4330×600×300	$3\Phi8.0+3\Phi8.0$	150	B04，A3.0	四分点加载
A-2	4330×600×300	$3\Phi8.0+3\Phi8.0$	150	B04，A3.0	四分点加载
B-1	4330×600×300	$4\Phi6.5+4\Phi6.5$	132	B04，A3.0	四分点加载
B-2	4330×600×300	$4\Phi6.5+4\Phi6.5$	132	B04，A3.0	四分点加载
C-1	3400×600×300	$4\Phi6.5+4\Phi6.5$	132	B04，A3.0	四分点加载
D-1	3400×600×300	$7\Phi5+7\Phi5$	138	B04，A3.0	四分点加载

三、加载与测量方案

试验按照规范《混凝土结构试验方法标准》(GB/T 50152—2012)采用四分点加载，一侧采用铰支座，另一侧采用滚动支座，采用千斤顶通过反力架施加单调荷载，千斤顶下布置木梁作为分配梁。荷载由压力传感器测定，在试验板材的跨中和两端支座处分别放置位移计测量跨中挠度和支座沉降位移。为确定开裂弯矩，在加气混凝土墙板底部贴两个应变片。为验证板的平截面假定及观测板受压部分的应变情况，在板跨中侧面和顶面分布贴3个应变片和2个应变片。试验测量的基本内容如下：

(1)挠度测量：试验实测的位移值要经过支座沉降、加载设施和板的自重修正。

(2)裂缝发展观察：用肉眼来观察，裂缝出现时在板上标出其位置和荷载，试验结束后，描出主要的裂缝图。

(3)应变测量：为确定开裂弯矩和验证平截面假定。

四、试验结果与分析

1. 试验破坏及荷载位移曲线

依据图3-4可知，以C-1为例，加载初期各试验板的荷载-挠度曲线基本呈现线性关系。即第Ⅰ阶段为弹性受力阶段，无裂缝出现。当加气板底层混凝土的最大拉应变超过混凝土的极限受拉应变时，即荷载超过19.72kN时，纯弯段底部出现竖直向上的细小裂缝，裂缝继续向上延伸，即进入第Ⅱ阶段。表现为随着荷载增加，截面刚度降低，荷载－挠度曲线出现较明显的转折，挠度增长加快。1/4跨处开始出现斜裂缝。第Ⅲ阶段为屈服破坏阶段：继续加载荷载达到42.31kN时，1/4跨度向上延伸的倾斜角逐渐减小并指向分配梁支座，纵向受拉钢筋屈服，应力保持屈服强度f_y不变。当跨中上部的加气混凝应变达到极限压应变时候，截面开始破坏，承载力下降。

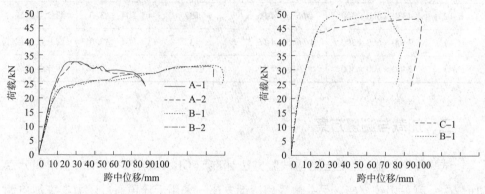

图3－4　荷载－位移曲线

　　通过对比分析可知，A－1的钢筋面积($150mm^2$)比B－1钢筋面积($132mm^2$)提高了14%，但A－1板材的极限承载能力(32.5 kN)仅仅比C－1的极限承载能力(31.2kN)提高了4%。即钢筋与加气混凝土的接触总面积会对钢筋与加气混凝土的黏结有影响，对极限荷载影响比较大。通过B－1和C－1的对比分析可得，配筋一致，板材强度相同，跨度减少时，开裂荷载和极限荷载增加明显。由C－1和D－1的板材裂缝对比可知，D－1为$7\Phi5$的加气板，相比于$4\Phi6.5$的C－1，配筋数量较多，加气混凝土板材破坏特征表现为裂缝密集而宽度较细。300mm厚的加气混凝土板的破坏形式为弯曲破坏。

　　2. 黏结滑移分析

　　因钢筋与混凝土的黏结力与一般的混凝土抗拉强度成正比，且加气混凝土的抗拉强度约等于普通混凝土的抗拉强度的1/10，故加气混凝土板在较大荷载和变形下会出现钢筋骨架的滑移。下层钢筋网架出现明显滑移，保护层脱离，露出下层钢筋网架。根据图3－5分析可得，当荷载达到32.5 kN滑移点时，曲线下降，板材刚度突变。比规范公式计算的理论值承载能力较低，钢筋未到达屈服阶段，由于黏结力下降，钢筋与加气混凝土无法再共同工作。

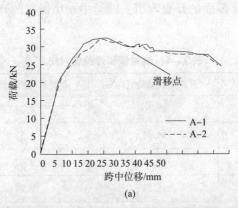

(a)

(b)   (c)

图3-5　荷载位移曲线(a)、实测结果1(b)及实测结果2(c)

五、理论分析

1. 开裂荷载

加气混凝土受弯构件截面的开裂弯矩的计算以混凝土的抗拉极限应变为基础，受弯构件开裂前截面的应力仍按三角形线性分布(图3-6)。

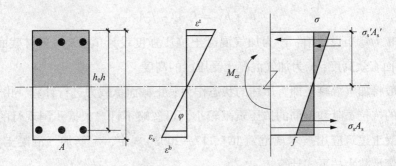

图3-6　截面应力分布

依据《混凝土结构设计规范》(GB 50010—2010)可知，受压区合力作用点的力矩平衡条件为 $\sum Mc = 0$。

利用弹性理论计算截面的开裂弯矩，试验中 6 块板材的开裂荷载试验值和理论值的对比如表 3 - 4 所示。

表 3 - 4　试验值和理论值对比

试件	钢筋面积/mm²	开裂荷载试验值/kN	开裂荷载理论值/kN	误差/%
A - 1	150	19.50	9.37	108
A - 2	150	19.41	9.37	107
B - 1	132	15.12	9.07	67
B - 2	132	15.23	9.07	68
C - 1	132	20.28	11.78	72
D - 1	138	20.61	11.92	73

根据表 3 - 4 的对比数据可知，相同跨度前提下，随着配筋面积的增加，理论值和试验值都相应增加。依据 A - 1 和 B - 1 对比分析可知，钢材的用量提高 13.6% 时，截面的开裂荷载仅提高 3.3%。故增加配筋量对改善截面的抗开裂能力效果不明显。开裂荷载试验值和理论值的误差在 67% ~ 108% 的范围内，说明开裂荷载理论值相比试验值保守，具备比较大的安全储备。

2. 抗弯承载力

按照《混凝土结构设计规范》（GB 50010—2010）中双筋矩形截面受弯构件正截面的承载力计算公式，由水平力和力矩平衡条件可知：

$$\begin{cases} M \leqslant \alpha_1 f_c bx(h_0 - x/2) + f_y'A_s'(h_0 - \alpha_s') \\ \alpha_1 f_c bx = f_y A_s - f_y'A \end{cases} \qquad (3-3)$$

式中，M 为弯矩设计值；f_c 为加气混凝土抗压强度设计值；b 为板材截面宽度；h_0 为截面有效高度；x 为加气混凝土受压区的高度。

一般将加气混凝土即将压坏的状态作为其正截面承载力进行计算，由于加气混凝土的抗拉贡献和钢筋的抗压贡献较小，可忽略不计。根据我国现行的《蒸压加气混凝土建筑应用技术规范》（JGJ/T17—2008）规定，配筋加气混凝土板材正截面抗弯承载力按下式计算：

$$\begin{cases} M \leqslant 0.75 f_c bx(h_0 - \dfrac{x}{2}) \\ f_c bx = f_y A_s \end{cases} \qquad (3-4)$$

对比式（3 - 3）和式（3 - 4）可知，式（3 - 4）对钢筋的抗压贡献省略不算，两个公式的系数也不同。我国《混凝土结构设计规范》确定，当混凝土等级不超过 C30 时，$\alpha_1 = 1$。由于加气混凝土墙板为工厂定制，现场拼装，在运输和拼装过程中有可能产生不同程度的损坏，故式(3-4)中乘以系数 0.75(1.33 的倒数)进行折算，因此，式(3-4)的计算结果更安全。

3. 墙板的延性分析

延性是指构件或构件的某个截面从屈服开始到达最大承载能力或到达以后而承载能力还没有明显下降期间的变形能力。延性越好，地震时耗能就越好，越能避免脆性破坏。采用位移延性系数 $\mu\Delta$ 来评价加气墙板的延性。即：

$$\mu\Delta = \Delta u / \Delta y \qquad\qquad (3-5)$$

式中，Δu 为截面极限破坏时的变形；Δy 为截面屈服时的变形。

由式(3-5)计算加气混凝土板的延性系数见表3-5。由表3-5可知，随着配筋面积增加，加气混凝土墙板跨中极限挠度下降；同时，和普通混凝板类似，加气混凝土板的延性系数下降。

表3-5　板的延性系数

编号	配筋面积/mm²	屈服挠度/mm	极限挠度/mm	延性系数($\mu\Delta$)
A-1	150	19.54	56.71	2.90
A-2	150	21.61	58.03	2.68
B-1	132	14.12	100.21	7.09
B-2	132	14.90	95.35	6.39

第3节　配纤维格栅 ALC 砌块墙板抗弯性能

基于国内外专家对 ALC 板的试验研究，提出采用 ALC 砌块拼装成新型装配式墙板，通过分析计算该装配式墙板的破坏形式、挠度和抗弯承载力以研究其抗弯性能。试验还对该墙板采取环向包裹纤维格栅的设计方式进行优化，使该装配式墙板不仅具有 ALC 板的优点，又结合纤维格栅弹性模量高、保温隔热、质量轻、截面薄、造价低廉等特点，从而增加墙板的抗裂性，提高墙板的整体性能。新型墙板集 ALC 板和纤维格栅的优势于一身，实现了轻质装配式配纤维格栅 ALC 砌块墙板生产工艺简单、现场拼装施工方便的理念。

一、试验概况

1. 试件设计与制作

该试验共制作了4块墙板构件,参数见表3-6。试验用蒸压加气混凝土砌块与专用黏结剂由大连铁龙新型材料有限公司提供,蒸压加气混凝土砌块强度等级为MU15,其尺寸规格为900mm×600mm×150mm,专用黏结剂强度等级为Ms10。墙板试件由3块蒸压加气混凝土砌块拼接砌筑而成,其规格尺寸为2700mm×600mm×150mm,接缝处使用ALC专用黏结剂。试验采用两种连接形式作对比,一种为平口连接,另一种为企口连接,榫槽与榫头截面尺寸为50mm×20mm。墙板试件中有两块ALC墙板采取环向包裹玄武岩纤维格栅的方式,采用的玄武岩纤维格栅为市面常用规格,试验中,将其宽厚尺寸裁剪为150mm×0.8mm。试件制作时,其中一块墙板将玄武岩纤维格栅置于墙板上、下表面中心位置处环向包裹一道;另一块墙板将玄武岩纤维格栅置于墙板上、下表面沿中心位置处对称环向包裹两道,两道格栅间距为100mm。包裹之后针对四周边角位置与不平整位置采用钢钉固定,再涂刷砂浆覆盖,墙板如图3-7所示。

表3-6 蒸压加气混凝土墙板参数

编号	连接方式	试件尺寸	优化方式	施工方式
W-1	平口		无	
W-2	企口	2700mm×600mm×	平口变企口	专用黏结剂
W-3	平口	150mm	环向1道玄武岩格栅	黏结
W-4	平口		环向2道玄武岩格栅	

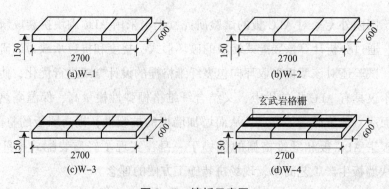

图3-7 墙板示意图

2. 试验加载装置

试验中采用四分点加载法对 ALC 板进行抗弯试验，试验时墙板一端采用固定铰支座，另一端采用滑动铰支座，支座中心距离墙板端部 50mm。墙板通过叉车运输，并放置到固定好的支座上进行测试，试验装置示意见图 3-8。

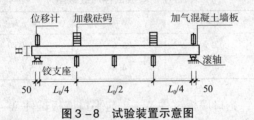

图 3-8 试验装置示意图

3. 测点布置

试验的测点布置如图 3-9 所示。C1、C2、C3 分别为跨中截面沿着截面高度 150mm、75mm、0mm 处的应变片，Y3、L3 分别为墙板上部受压面、下部受拉面跨中处的应变片，Y4、L4 分别为四分点附近受压、受拉应变片。

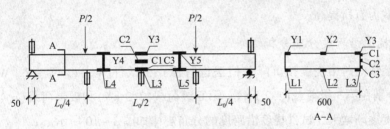

图 3-9 应变片分布图

4. 试验加载

该次试验采用单调多级加载制度，试验开始前，首先进行预加载，检查安置好的位移计是否正常工作，采用四分点集中加载方式进行加载。正式加载时，每级加载 0.4kN，前 4 级每级加载后静置 2min，待试件变形稳定后再采集试验数据和观察裂缝发展情况，第 5 级开始每级加载 0.8kN 后静置 5min。若墙板仍未破坏，则继续按此分级加荷方式循环加载直至断裂破坏。同时，在持续加载过程中及时观测裂缝的出现以及试验墙板的变形记录，取第 1 级荷载至第 5 级加荷(或断裂破坏前 5 级荷载)荷载总和作为试验结果。当轻质 ALC 墙板开裂明显、变形较大时，停止加载。

二、试验结果

1. 试验数据分析

表 3 – 7　墙板试件加载数据

试件	W – 1	W – 2	W – 3	W – 4
开裂荷载 Pcr/kN	3.4	3.6	4.0	4.2
极限荷载 Pu/kN	4.2	4.4	5.0	5.6

由表 3 – 7 可知，企口墙板试件 W – 2 与平口墙板试件 W – 1 相比，开裂荷载提高了 5.9%，极限荷载提高了 4.8%，说明企口拼接可延缓墙板裂缝的产生，但对墙板抗弯性能的提高效果不显著。配纤维格栅墙板 W – 3、W – 4 与平口墙板 W – 1 相比，开裂荷载分别提高了 17.6%、23.5%，极限荷载分别提高了 19.0%、33.3%，说明环向包裹纤维格栅可有效提高墙板试件的开裂荷载与极限荷载；墙板 W – 3 与 W – 4 相比，说明随着纤维格栅配置率的增加，砌体墙板的抗弯承载力有所提高。

2. 挠度沿跨度分布分析

对墙板的跨中挠度按沉降差值法进行修正，试件 W – 1、W – 2、W – 3 和 W – 4 分别在第 3 级荷载(1.2 kN)、第 6 级荷载(3.2 kN)和极限荷载(p_u)的作用下，挠度逐渐增大，试件挠度沿跨度的分布规律如图 3 – 10 所示。

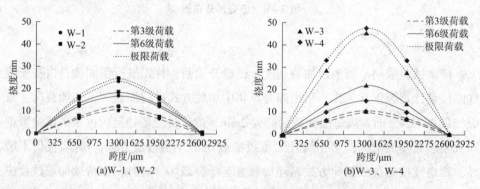

图 3 – 10　跨度 – 挠度曲线

由图 3 – 10 可知：

(1)随着荷载的不断增加，墙板试件的挠度逐渐增大，其挠度的变化规律近似正弦半波曲线。

（2）砌体墙板不同拼接形式之间对比，企口试件的挠度变形和极限荷载与平口试件相差不大，说明企口拼接与平口拼接对墙板的抗弯性能性能影响不大。考虑到在实际工程中的加工问题，宜直接采用平口连接。

（3）配纤维格栅墙板与素墙板相比，前者承受的极限挠度大于后者；在同级荷载作用下，纤维格栅配置面积越大，挠度越小。

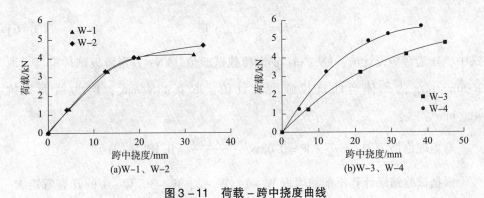

(a)W–1、W–2　　　　(b)W–3、W–4

图3–11　荷载–跨中挠度曲线

3. 荷载–跨中挠度分析

由图3–11（a）可知，企口试件W–2承受的极限荷载与跨中极限挠度仅略大于平口试件W–1，说明企口拼接对墙板抗弯承载力提高效果并不显著，故墙板试件拼接方式对挠度变形和极限荷载影响不大。

由图3–11（b）可知，对比配纤维格栅试件W–3与W–4，环向包裹两道纤维格栅的墙板试件W–4极限荷载较大，说明增大纤维格栅的配置面积可提高墙板的抗弯性能；在同级荷载作用下，配纤维格栅面积越大，挠度越小，说明墙板的抗弯性能越好。

三、抗弯承载力计算分析

根据《混凝土结构设计规范》（GB 50010—2010）中对墙板构件的挠度限值的规定可知：$f \leqslant f_{\text{lim}} = l_0/200 = 2600 \div 200 = 13\text{mm}$。

由于试件W–1、W–2、W–3和W–4为无钢筋墙板，故其破坏形态为脆性开裂，且开裂至破坏过程极短。根据《建筑隔墙用轻质条板通用技术要求》（JG/T 169—2016），取试件挠度达到$l_0/200$左右时的对应荷载为正常使用极限状态的临界点，并将此开裂荷载p_{cr}与墙板自重的1.5倍进行比较。墙板试件自重的1.5倍取3kN，根据试验数据可知p_{crmin}为3.4kN，故试验中p_{cr}与1.5G的比值均大于 1，说明开裂荷载达到 JG/T 169—2016 中对抗弯破坏荷载大于 1.5 倍自重的要求，验证了试验中墙板均符合抗弯要求。

根据现行《蒸压加气混凝土建筑应用技术规程》（JGJ T17—2008），不配筋蒸压加气混凝土受弯墙板的正截面承载力，按式(3-6)计算，一般不考虑受压钢筋的作用：

$$M = \frac{pl_0}{8} \leq f_{tm} \cdot W \qquad (3-6)$$

式中，M 为弯矩设计值，$kN \cdot m$；p 为荷载试验值，kN；l_0 为墙板试件跨度，取 2600mm；f_{tm} 为砌体弯曲抗拉强度设计值，取 $0.08N/mm^2$；W 为截面抵抗矩，mm^3。

弯矩理论值为 $M_u' = f_{tm} \cdot W = 0.08 \times \dfrac{600 \times 150^2}{6} = 0.18 kN \cdot m$

根据试验结果计算不配筋墙板 W-1、W-2、W-3、W-4 的开裂弯矩 M_{cr} 与极限弯矩 M_u，计算结果如表 3-8 所示。

表 3-8　正截面极限抗弯承载力试验值与理论值对比

编号	p_{cr}/kN	p_u/kN	$M_{cr}/$ （$kN \cdot m$）	$M_u/$ （$kN \cdot m$）	$M_u'/$ （$kN \cdot m$）	M_u'/M_u
W-1	3.4	4.2	1.105	1.365	0.18	0.132
W-2	3.6	4.4	1.170	1.430	0.18	0.126
W-3	4.0	5.0	1.300	1.625	0.18	0.111
W-4	4.2	5.6	1.365	1.820	0.18	0.099

由表 3-8 可知，W-1、W-2、W-3、W-4 的开裂弯矩与极限弯矩试验值远大于理论计算值，说明式(3-6)具有较大的安全储备。

试验结果可以归纳为下面几点：

(1)墙板试件均发生脆性破坏。大部分裂缝分布在墙板的跨中与墙板拼接的灰缝位置。可见灰缝处与跨中之间是该砌块隔墙板的薄弱部位，实际过程中，尤其要注意灰缝处黏结剂的选取与墙板的运输吊装。

(2)同级荷载作用下，配纤维格栅面积越大的墙板试件产生的挠度越小，即抗弯承载力越大的试件墙板产生的挠度越小，与混凝土抗弯板材的破坏规律一致。

(3)墙板试件破坏荷载均已超过墙体自重的 1.5 倍，符合 JG/T 169—2016 要求。配置纤维格栅的墙板试件与素墙板试件相比，前者有助于提高墙板试件的抗弯开裂荷载和极限破坏荷载；且在同级荷载作用下，配纤维格栅面积越大，墙板承受的荷载越大，说明墙板的抗弯性能越好。因此，环向包裹两道纤维格栅的ALC墙板优化方案优于其他3种方案。

(4)对墙板挠度和抗弯承载力(开裂弯矩、极限弯矩)进行计算对比，结果表明，试验值符合理论计算要求，且具有较高的安全储备。

第4节　蒸压加气混凝土墙板连接节点性能

一、试验方案

试验分别对4种连接件进行了连接性能研究——钩头螺栓(GT)、钢管锚(GG)、斜柄连接件(XB)、直角钢件(ZJ)。采用了不同尺寸的试验墙板，分别为1590mm×600mm×100mm，1590mm×600mm×125mm，1590mm×600mm×150mm，1590mm×600mm×175mm，1590mm×600mm×200mm，1590mm×600mm×250mm，共38块板，以考虑不同板厚情况下的连接节点性能。

1. 试件设计

4种连接件形式见图3-12~图3-15。板的密度为850kg/m³，强度等级为A3.5。板的顶部和底部配有纵向钢筋和横向钢筋，端头处有竖向拉结钢筋，且此处横向钢筋加密。

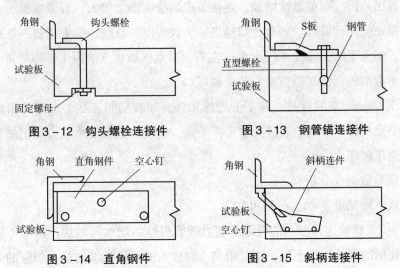

图3-12　钩头螺栓连接件　　　图3-13　钢管锚连接件

图3-14　直角钢件　　　图3-15　斜柄连接件

2. 试验装置和加载方案

墙板在试验时水平放置，板的一端平放在试验装置的角钢上，另一端则由连接件连接在试验装置另一端的角钢上。为了模拟板所承受的均布荷载，在板净跨的四分点处施加竖向荷载，该竖向荷载通过分配梁作用于板上。试验采用油压千斤顶，经过拉压力传感器连续加载，加载速率为 0.05~0.1kN/s。试验开始时以加载装置的自重为第一级荷载，直至加载到试件破坏。试验共使用 3 个 YHD−50 型位移传感器，测量荷载作用下的节点和板的挠度，分别沿板面中心线布置在支座处和中点处。其中，支座处的传感器布置在板的上表面，中点处的则布置在板的下表面。荷载和挠度的数据采集用 DH3815 静态应变测量系统，并用计算机存储，采样频率为 1Hz。墙板连接节点的试验装置及测点位置见图 3−16。

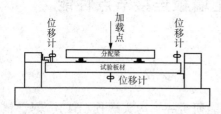

图 3−16 墙板连接节点试验装置

二、试验结果与分析

1. 钩头螺栓连接件(GT)

1)试验现象

对于 200mm 厚的板材，当荷载较小时，板两端均无明显变形。荷载增加后，钩头螺栓节点处的板端挠度慢慢增加，并首先在此端的上表面出现裂缝，螺栓被缓慢拔出一段。荷载继续增加，连接节点端挠度随之增大，裂缝发展，大块的加气混凝土受压而破碎、剥落，螺栓进一步被拔出。最终，钩头螺栓一端挠度猛然变大，端头下沉，螺栓被拔出 5cm 左右，节点区域加气混凝土破碎严重，螺栓沿着一个近似的圆锥面被拔出，节点破坏。

对于 150mm 厚的板材，除了上述现象外，加载期间，在 1/4 跨处出现斜裂缝，当节点最终破坏时，裂缝几乎贯穿通高，但导致其丧失承载力的仍然是节点区域的受压破坏。

2)试验数据及分析

试验结果见表 3−9，分析可知：

(1)钩头螺栓连接节点的极限承载力随着板厚的增加而增加。因为不同厚度的板材使用的螺栓型号不同，板厚增加，则插入的螺栓长度增加，相应的受压加气混凝土厚度增加，从而会使承载力提高。

（2）150mm 的板出现斜裂缝，是因为板厚较小，则板剪跨比较大，抗剪承载力降低，易出现剪切斜裂缝。此时的斜裂缝出现在 1/4 跨处，而不是节点区域。

表 3–9　墙板钩头螺栓（GT）连接节点试验结果

连接件形式	板编号	板尺寸/mm	破坏荷载/kN
钩头螺栓（GT）	GT150 – 1	1590 × 600 × 150	63.5
	GT150 – 2		71.1
	GT150 – 3		45.3
	GT150 – 4		42.3
	GT200 – 1	1590 × 600 × 200	64.0
	GT200 – 2		72.1
	GT200 – 3		96.0

2. 钢管锚连接件（GG）

1）试验现象

当荷载较小时，板两端均无明显变形。加载一段时间后，S 板弯曲，钢管锚连接件一端挠度发展，可知里面的钢管已有弯曲，板侧面出现斜向裂缝。增加荷载，则 S 板继续弯曲，裂缝发展。最终破坏时，钢管锚端头猛然下降，S 板和螺栓均有很大弯曲，斜裂缝延伸很长，有时会穿过钢管孔。有一些板最终破坏时，端头处大块的加气混凝土被沿着一个近似的圆锥面拔出。此时，钢管有很大弯曲，端头处的纵、横钢筋焊接处受拉破坏，未出现明显的斜向裂缝。

2）试验数据及分析

试验结果见表 3–10，分析可知：

（1）钢管插入位置偏向下的，则一般发生端头处加气混凝土沿斜裂缝被整体剥离；插入位置偏向上顶面的，则一般发生圆锥体拔出破坏。

（2）钢管锚连接节点极限承载力随着板厚的增加而增加。

（3）钢管的抗弯刚度及端头处配筋质量影响着钢管锚节点的极限承载力。若钢管的抗弯刚度较大，则不易发生向上弯曲，端头处加气混凝土不易被剥离，节点承载力提高。若端头处的纵横向钢筋焊接良好，形成牢固的钢筋网，则可对钢管的弯曲形成约束；反之，若焊接不良，则可能在钢管弯曲不大时，钢筋网焊接处发生受拉破坏，约束失效，导致在钢管承载能力未完全发挥时，造成节点的破坏。

表 3 - 10　墙板钢管锚(GG)连接节点试验结果

连接件形式	板编号	板尺寸/mm	破坏荷载/kN
钢管锚(GG)	GG100 - 1	1590×600×100	17.2
	GG100 - 2		15.5
	GG100 - 3		15.4
	GG125 - 1	1590×600×125	32.6
	GG125 - 2		44.3
	GG150 - 1	1590×600×150	37.6
	GG150 - 2		50.8
	GG150 - 3		40.2

3. 直角钢件(ZJ)

1)试验现象

当荷载较小时,板两端均无明显变形。荷载增加后,直角钢件处的板端出现明显挠度,并逐渐沿空心钉孔出现裂缝,或发生钉孔挤压变形。节点破坏时,钢件与角钢焊接处发生破坏(钢件与角钢面原本垂直,破坏后呈斜角,不再保持直角),板端头下降很多。此外,不同厚度的板呈现不同的破坏特点。

250mm 厚的板:节点破坏时,空心钉弯曲很大,钉孔处的加气混凝土受挤压,孔显著扩大,但未出现明显的斜裂缝。最终的破坏是由于空心钉沿扩大的钉孔滑移过多所致。

150mm 厚的板:节点破坏时,空心钉弯曲很大,一般在 1 或 2 个钉孔处出现斜裂缝,端头两侧均有加气混凝土沿裂缝方向剥离,属于剪切破坏。

100mm 厚的板试验现象与 150mm 的板类似。

2)试验数据及分析

试验结果见表 3 - 11,分析可知:

(1)直角钢件节点的极限承载力随着板厚的增加而变大,因为板厚不同,破坏形式也不同。100mm 和 150mm 厚的板是产生斜裂缝穿过钉孔,加气混凝土沿着斜裂缝被剥离破坏,属于剪切破坏,且板越薄,斜裂缝数量越多。250mm 厚的板在钉孔处加气混凝土受挤压而变形破坏,表明后者的承载力大于前者。

(2)端头配筋状况对节点承载力有影响。板两侧边缘处的纵向钢筋可以阻止空心钉滑移,产生约束作用。如果此处纵向钢筋保护层过厚,致使空心钉和钢筋接触部分太短，则约束作用不明显。同样地，纵向钢筋必须和横向钢筋焊接良好，在端头处构成牢固的钢筋网，以形成有效约束。

表3-11 墙板材直角钢件(ZJ)连接节点试验结果

连接件形式	板编号	板尺寸/mm	破坏荷载/kN
直角钢件 (ZJ)	ZJ100-1	1590×600×100	9.1
	ZJ100-2		6.7
	ZJ100-3		6.7
	ZJ100-4		6.9
	ZJ100-5		7.2
	ZJ100-6		7.2
	ZJ150-1	1590×600×150	14.9
	ZJ150-2		10.2
	ZJ150-3		30.3
	ZJ150-4		15.2
	ZJ250-1	1590×600×250	31.7

4. 斜柄连接件(XB)

1)试验现象

当荷载逐渐增加，斜柄连接件一端有明显挠度，第一道斜裂缝产生，并穿过钉孔，接着产生第二道裂缝穿过另外的钉孔。最后，2道或3道斜裂缝穿过钉孔（短柄多为2道，中长柄多为3道）并延伸，空心钉有很大弯曲，连接件所在端头两侧有大块加气混凝土被剥离、破碎，试件破坏，属于剪切破坏。

2)试验数据及分析

试验结果见表3-12，分析可知：

(1)从200mm厚墙板的试验结果分析可知，同样厚度的板，短柄连接件比中长柄连接件节点的极限承载力高，这是因为使用中长柄连接件的墙板剪跨比较大，抗剪承载力较低，从而容易在薄弱处出现斜裂缝，发生剪切破坏。

(2)与直角钢件连接件一样，板边缘的配筋状况对节点承载力有很大影响。

(3)斜柄连接件节点的极限承载力同样随着板厚的增加而增大。因为板厚增加，剪跨比变小，故抗剪承载力增大。

表 3 - 12　墙板斜柄连接件(XB)连接节点试验结果

连接件形式	板编号	板尺寸/mm	破坏荷载/kN
斜柄连接件(XB)	XB150 - 1(短柄)	1590 × 600 × 150	28.7
	XB150 - 2(短柄)		38.6
	XB150 - 3(短柄)		60.8
	XB150 - 4(一侧短柄,一侧中柄)		17.3
	XB175 - 1(短柄)	1590 × 600 × 175	20.5
	XB175 - 2(短柄)		22.1
	XB175 - 3(短柄)		19.1
	XB175 - 4(中柄)		20.2
	XB200 - 1(短柄)	1590 × 600 × 200	40.4
	XB200 - 2(中柄)		30.4
	XB200 - 3(长柄)		22.5
	XB200 - 4(长柄)		20.5

各种不同的连接节点破坏形式各有差异,具体归纳为:

(1)钩头螺栓和钢管锚连接节点一般是端头处加气混凝土受压或钢筋网受拉破坏,而斜柄连接件和直角钢件一般是产生穿过钉孔的斜裂缝,发生剪切破坏。但对于较厚的板,采用直角钢件连接时,也有可能发生沿钉孔的挤压破坏。

(2)无论使用哪种连接构件,板厚增加,节点的极限承载力均随之增大。

(3)板的配筋质量对节点极限承载力影响较大,合适的钢筋保护层厚度和焊接良好的纵、横钢筋网,有助于提高节点的极限承载力。因此,必须重视板的配筋,以改善连接件的使用性能。

第4章 加气混凝土(墙板)的应用

第1节 轻质加气混凝土墙板洞口设计与加固技术

一、ALC 板的切割与开洞

在 ALC 板的安装过程中,洞口的设计与加固技术是影响外墙使用寿命的一道关键环节,在实际施工中有重要意义。ALC 板的现场加工简易方便,板块切割、开洞、刻缝都可以人工轻松完成。但板材的切割开口等加工会使板材强度降低,因此,现场加工时一定要按规定进行。锚固件开口距离切口位置一般应大于200mm,切割的部位和尺寸均有一定的限制。

(1)绝对不能在锚件旁切割,否则会破坏锚件的锚固强度,影响板块的固定。合理的洞口设计中,尽量避免洞口在两个板块之间,否则会影响洞口的防水性能(图4-1)。

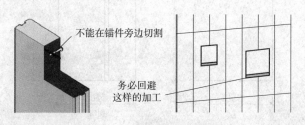

不能在锚件旁边切割

务必回避
这样的加工

图4-1 墙板的错误拼装

(2)以标准宽度600mm 的板块为例,图4-2所示阴影部分代表板块的切割与开洞,侧边切割和顶部切割时,切割宽度不大于300mm,切割边缘应大于板块锚件点200mm(图4-2)。

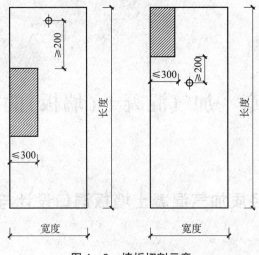

图 4-2 墙板切割示意

(3)板块开洞时，洞口宽度不大于 300mm，洞口边缘应大于板块锚件点200mm。宽度大于 300mm 时要采取一定的加固措施。板块刻缝深度均不大于50mm，缝宽不大于 30mm(图 4-3)。

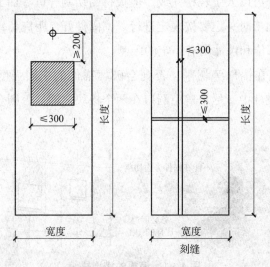

图 4-3 开洞与刻缝示意

二、ALC 板安装加固

1. 与主体结构的连接

ALC 板作外墙板时，与主体结构的连接构造应确保节点强度可靠性、安全性，同时保证墙板连接节点在平面内的可转动性及延性，以确保墙体能适应主体结构不同方向的层间位移，满足在抗震设防烈度下主体结构层间变形的要求。一般情况下，外墙所承受的最大外力是风荷载。此时，板材是作为简支板，风荷载作为均布荷载进行计算。风荷载应考虑正负风压作用，并分别进行计算配筋。风荷载和地震作用的计算应分别按照《建筑结构荷载规范》（GB 50009—2001）及《建筑抗震设计规范》（GB 500011—2001）进行。其中，负风压体型系数 μ_s 的取值应根据建筑物的体型所要校核的部位、工程重要性及该地区的实际情况选定。正常情况下，如风荷载正负风压相差不大时，尽可能采用对称配筋；如相差较大，则应分别配筋，并注意打上标记和安装方向。焊条应采用 E43 XX 型，其质量应符合国家标准《碳钢焊条》（GB 5117—95）的有关规定。连接用钢材及预埋件锚板应采用碳素结构钢 Q235B 级钢材，其强度标准值、设计值、弹性模量等应按《钢结构设计规范》（GB 50017—2003）执行。洞口加固设计应考虑以上各种受力因素，符合国标规范要求。加固钢材的尺寸和焊接标准都要通过设计计算确认。竖板加固角钢选用尺寸如表4-1所示（板长≤4.2m），是以风荷载为设计依据，方便施工时选用。

表 4-1 ALC 竖板安装洞口加固角钢尺寸

洞口宽度/mm	钢材	风压设计值/（kN/m²）		
		1	2	3.5
600	横材	L50 X 6	L50 X 6	L50 X 6
600	竖材	L63 X 6	L75 X 6	L90 X 6
1200	横材	L50 X 6	L63 X 6	L75 X 6
1200	竖材	L75 X 6	L100 X 6	L110 X 8
1800	横材	L63 X 6	L90 X 6	L100 X 6
1800	竖材	L90 X 6	L110 X 8	L125 X 8
2400	横材	L75 X 6	L100 X 6	L110 X 8
2400	竖材	L90 X 6	L125 X 8	L140 X 10

2. 洞口加固

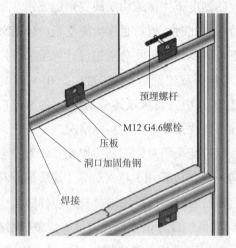

图4-4 角钢加固洞口内侧

预埋螺杆
M12 G4.6螺栓
压板
洞口加固角钢
焊接

较大洞口可以预先做好后再拼装，较小洞口可以预先做好或者拼装后再开洞。先开好的洞口应做好加固措施，设置加固钢材。当洞口尺寸≤300mm×300mm时，洞口不需要加固。大洞口的加固钢材有：角钢、扁钢、勾头螺栓、预埋螺杆、预埋螺栓。角钢加固的洞口内侧如图4-4所示。

洞口加固钢材需要跟墙板进行有效连接，可以采取对穿板块的勾头螺栓或预埋螺杆连接，并满足一定的焊接标准。以150mm厚板块为例，勾头螺栓节点的破坏荷载达到10kN，预埋螺杆节点的破坏荷载达到7.5kN。而加固钢材必须通过设计计算确认，能够承担板块的风载、地震荷载及板块自重和空调管道等。

预埋螺杆安装板是指从横边或长边钻孔，插入预埋螺杆后，用专用螺栓和主体连接的板材。螺杆安装板的锚固件安装预留孔分为从顶部钻进和从侧边钻进两种。沿侧边钻进的螺杆安装板在施工现场可以通过调整锚固件的位置来校正主体施工误差，特别是横装法，对调整柱子误差有很好的效果。同样地，采用螺杆安装板不损伤板面，可保持墙板的美观，防水性和耐久性好。这种板主要用于竖板安装和横板安装，适用于所有建筑物的外墙和隔墙，也特别适用于高层建筑，可在现场钻孔，具有较高的灵活性，也适用于各种有不同梁柱位置尺寸的建筑物。

如果从板顶部钻孔插入预埋螺杆，其位置应在距板端80~320mm；如果从板侧面钻孔，预埋螺杆的位置应在距板端75~750mm。

专用螺栓和预埋螺杆配对使用，150mm厚的板用长度为105mm，M12 G4.6规格的专用螺栓，外面加弹簧垫片，如图4-5所示。预埋螺杆的节点

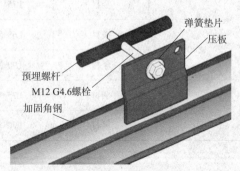

弹簧垫片
压板
预埋螺杆
M12 G4.6螺栓
加固角钢

图4-5 压板连接

强度比勾头螺栓小，但不会破坏板块表面的完整性，防水性能比勾头螺栓强。使用螺栓固定板材之前要先打孔，然后锁紧专用螺栓。拧紧专用螺栓时不能过度，当弹簧垫片变形贴紧板材时即可。

压板扣住通长角钢，但其厚度只有6mm。压板上有垂直椭圆孔，用来调节安装误差，压板与加固角钢接触面长度必须大于30mm，两边的焊缝各大于20mm即可。压板一般用在板底部和顶部节点，以及门窗洞口加固节点，同样也受风荷载作用，水平风荷载等于上、下板风荷载和的一半。

3. 外墙板的安装

外墙板的安装分为竖装、横装、大板安装3类，每类各有几种节点安装方法可供选择。可以从以下方面进行考虑：①一般民用建筑层高不大，框架梁布置有规律，而洞口较多且不规则可选用竖装板；②工业建筑层高大、柱网整齐，而梁较少，采用横装板较方便；③现场场地允许，为了加快施工进度，可以采用大板安装。中低层钢筋混凝土结构由于其刚度较大，层间位移小，可以优先选择插入钢筋法、勾头螺栓等；④而对中、高层钢结构，由于其刚度较小而层间位移较大，可优先选用预埋螺栓的施工方法。施工中应根据设计及现场情况合理选择安装方法。

1. 竖装法

在竖装洞口的安装方法中，左右的整版板块先安装，预留洞口的板块后安装（图4-6）。先安装左、右两根加固钢材，分别焊接在上、下通长角钢上，作为主框架，再安装横向加固钢材。加固钢材安装好后，洞口板块就可以从左到右逐个安装。竖板安装时，洞口的横向钢材可当作托板角钢，用来传递板块自重，增加墙板整体性。竖装洞口的加固方法有预埋螺栓法、勾头螺栓法，扁钢加固法。竖装洞口的高度可以是任意值，但宽度受板块限制，一般取板块的模数尺寸作为洞口的宽度。

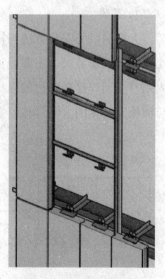

图4-6 竖装洞口示意

2. 横装法

与竖装法相似，横装法中上、下的整版板块先安装，预留洞口的板块后安装（图4-7）。先安装上、下两根加固钢材，分别焊接在两边立柱上作为主框架，再安装纵向加固钢材。加固钢材安装好后，洞口板块就可以从下到上逐个安装。当洞口板块超过4块时，应在板块底部两侧设置托板角钢，用来传递板块自重，增加墙板整体性。横装洞口的加固方法有预埋螺栓法，勾头螺栓法，扁钢加固法。横装洞口的宽度可以是任意值，但高度受板块限制，一般取板块的模数尺寸作为洞口的高度。

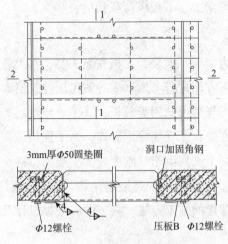

图4-7　横板洞口加固大样

3. 大板安装

大板洞口的安装方法与横装法相同，大板安装完全在地面上操作，施工难度比横板小。安装时，主要受力构件是固定大板的两根立柱。因此，上、下两根加固钢材分别焊接在两边的立柱上，作为主框架，再安装纵向加固钢材，施工顺序与横板安装相同。同样地，要注意设置托板角钢，用来传递板块自重，增加墙板整体性。大板起吊时，洞口加固角钢尺寸还应该考虑大板起吊时的荷载作用，需要的钢材尺寸比横板洞口略大。大板安装更具有流水作业性质，修补和防水作业在地面上进行，因此，洞口加固连接件建议采用勾头螺栓(图4-8)，既能提高施工效率，又能满足洞口防水要求。

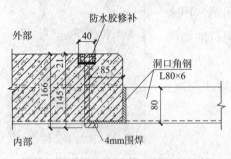

图4-8　大板安装勾头螺栓连接大样

ALC 板洞口裂缝的防治措施如下：

（1）ALC 板外挂在结构构件上，因此，结构构件变形时，ALC 板必然也会产生变形，所以每块 ALC 板块之间的分隔缝应小于 10mm，间隔一定长度时，应采用一道 20mm 的分隔缝，防止结构变形时 ALC 板发生挤压破坏。

（2）在设计 ALC 板支撑节点时，把上端节点考虑为活动铰接节点，下端节点考虑为固定节点。在产生温度应力或地震力时，ALC 板自身可以利用上端节点进行应力释放。

（3）采用专用的弹性良好的建筑防水胶，配合发泡聚乙烯圆棒等材料，形成一个封闭的防水分隔缝。防水胶的寿命是影响防水性能的关键，发泡聚乙烯圆棒能够保证防水胶处于双面受力的良好工作状态，当主体发生变形时，防水胶能够适应主体的变形，不容易开裂。

第 2 节　蒸压加气混凝土板材墙体防裂关键技术

一、蒸压加气混凝土砌块墙体的裂缝形成原因

由于缺少对 ALC 墙板安装工程的实践经验，又欠缺墙板安装等工艺的实践，大部分项目工艺、工具、砂浆等都沿用了传统砖墙的做法，无法保证施工质量，工程竣工后在使用过程中很容易出现墙面裂缝或渗水等现象。问题主要表现在：墙板安装时仍处于潮湿状态，装配完成后的板材产生较大干缩，产生安装裂缝；嵌缝砂浆不饱满，普通的水泥砂浆发生硬化而收缩。ALC 墙板安装完毕后，需用专业器具，在接缝的凹槽内嵌填水泥砂浆，由于嵌缝砂浆不饱满，普通水泥砂浆与板材黏结效果差，嵌缝砂浆硬化时会出现自身收缩，因而可能造成墙板安装后沿安装缝开裂。

二、板材安装方案优化

试验中设计了一种轻质混凝土墙板与基础结构的连接结构，该连接结构包括：轻质混凝土墙板、结构梁板、结构柱、圆形管卡、U 形管卡、特制专用管卡、木楔子和射钉（图 4 - 9）。其中，圆形管卡用钻孔机植入在结构基础中，核对好尺寸在第一块板中间部分进行钻孔，钻孔尺寸与管卡尺寸相同，保证其能将轻质混凝土墙板钻的孔正常卡进对应的管卡中，U 形管卡用射钉固定在基础结构

上，（特制专用管卡为管板卡与 U 形卡进行焊接而制作成的，在板材下端一侧距离板边 80mm 处将特制管卡一端的圆形管卡部分植入轻质混凝土墙板中，然后用射钉进行固定，另一侧用特制管卡中的 U 形管卡来对相邻的轻质混凝土墙板进行拼接），保证其相连两块板之间的稳固连接，待专用黏结剂凝固后拆除木楔并用聚合物水泥砂浆补平。该方法能提高轻质混凝土墙板连接点的稳定性，管卡结构简单，制造成本低，实现轻质混凝土墙板与基础结构的稳固连接的同时，节省了人工和材料。

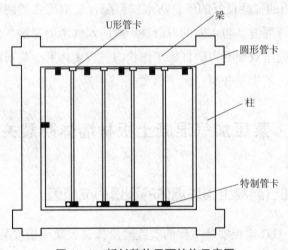

图 4-9　板材整体平面结构示意图

该方法是一种轻质混凝土墙板与基础结构连接的施工方法，施工步骤如下：

（1）对安装轻质混凝土墙板位置地面的基层进行清理，并对基层平面进行凿平处理。

（2）利用 BIM 软件对施工图所有轻质混凝土墙板进行排版，根据排版尺寸加工所需数量、规格的轻质混凝土墙板。

（3）根据施工图纸用经纬仪和激光水准仪，在地面上和楼板顶面的结构梁板弹出一道轴线和边线，弹出洞口位置线，按照排版设计标明轻质混凝土墙板的位置，在楼板顶面采用圆形管卡法，将管卡用钻孔机植入在结构梁板上。

（4）安装第一块轻质混凝土墙板，轻质混凝土墙板底端用撬棍翘起，用木楔子支撑，板材靠近结构柱的一面，在对应结构柱的部位将圆形管卡用钻孔机植入结构柱中，核对好尺寸，在第一块轻质混凝土墙板中间部分进行钻孔，钻孔尺寸与管卡尺寸相同，保证其能将轻质混凝土墙板钻的孔能正常卡进对应的管卡中。

(5)安装相邻的轻质混凝土墙板,用钻孔机在轻质混凝土墙板上端部位钻孔,钻孔尺寸与管卡尺寸一致,在板缝交接处安装 U 形管卡,然后用射钉固定,将相邻板的凸起对准前一块板的凹槽,进行拼接,板缝隙为 5mm。

(6)重复步骤(5),继续安装相邻的轻质混凝土墙板直到所有墙板安装完成。

(7)在接缝处涂抹黏结剂,待黏结剂凝固后拆除木楔子,并用聚合物水泥砂浆补平。

三、内墙板与主体防裂设计连接构造

1. 加气混凝土板材上端固定

ALC 墙板安装调整完毕后,采用管卡法固定能够有效地控制墙体开裂。对照图纸用经纬仪和激光水准仪,在地面上和楼板顶面弹出一道轴线和边线,弹出洞口位置线,按照排版设计标明板的位置,在楼板顶面采用管卡法,首先将管卡(Q235 – B 镀锌厚度 1.5mm)用钻孔机植入在结构楼板上,固定时按照要求将 ALC 墙板上端卡入管卡(Q235 – B 镀锌厚度 1.5mm),每块板距板端 80mm 设一只管卡,可以任意方向固定。安装第一块板时,底端用撬棍翘起,用木楔子支撑,板材靠近结构基础的一面,在对应结构基础的部位将管卡(Q235 – B 镀锌厚度 1.5mm)用钻孔机植入结构基础中,核对好尺寸,在第一块板中间部分进行钻孔,钻孔尺寸与管卡尺寸相同(误差控制在(5mm 以内)保证其能将 ALC 墙板钻的孔正常卡进对应的管卡中(图 4 – 10 ~ 图 4 – 12)。

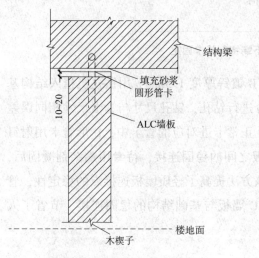

图 4 – 10　上端圆形管卡固定

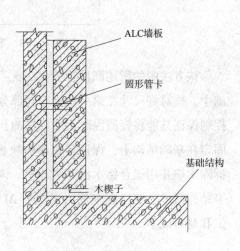

图 4 – 11　侧边圆形管卡固定

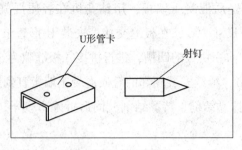

图 4 – 12　U 形管卡

2. 加气混凝土板材下端固定

板材下端用特制管卡进行固定，特制专用管卡是管板卡与 U 形卡进行焊接而制作成的，在板材下端一侧距离板边 80mm 处将特制管卡一端的圆形管卡部分植入轻质混凝土墙板中，然后用射钉进行固定，另一侧用特制管卡中的 U 形管卡来对相邻的轻质混凝土墙板进行拼接(图 4 – 13)。

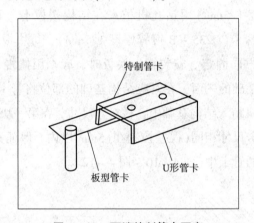

图 4 – 13　下端特制管卡固定

该方法中的所述圆形管卡(Q235 – B 镀锌厚度 1.5mm)用钻孔机植入结构基础中，核对好尺寸在第一块板中间部分进行钻孔，钻孔尺寸与管卡尺寸相同误差控制保证其能将轻质混凝土墙板钻的孔正常卡进对应的管卡中；U 形管卡用射钉固定在基础结构上，保证其相连两块板之间的稳固连接，待专用黏结剂凝固后，拆除木楔并用聚合物水泥砂浆补平。该方法提高了轻质墙板连接点的稳定性，管卡结构简单，制造成本低，实现了 ALC 墙板与基础结构的稳固连接，节省了人工和材料成本。

第3节　一种修补加气混凝土墙板专用砂浆的试验

加气混凝土板在运输及施工过程中易造成破损，虽对制品性能影响不大，但会降低生产厂家产品的良品率，因此，十分需要一种快速硬化、效果好、施工简便的加气混凝土板修补材料。由于加气混凝土中存在连通与封闭两种孔，导致加气混凝土砌块吸水量多而慢，导湿性差。加气混凝土板专用修补砂浆主要性能包括保水性能、可操作时间、拉伸黏结强度、收缩率等。

一、原材料

（1）水泥：425 快硬硫铝酸盐水泥，3d 抗压强度为 43.5MPa，3d 抗折强度为 6.7MPa。

（2）半水石膏：市售白色建筑石膏，主要成分为 β 型半水石膏，2h 抗压强度为 20MPa。

（3）砂：70～140 目水洗河砂，其指标符合《建设用砂》（GB/T 14684）标准。

（4）外加剂：纤维素醚 HPMC75000，可再分散乳胶粉 5044N。

二、试验方法

试验配比均为质量比，按配比分别称量胶凝材料、砂、外加剂后混合均匀，倒入称量后的水中，使用砂浆搅拌机搅拌 3min，水料比以砂浆稠度为 90～110mm 进行控制，性能检测方法参照国家现行标准。

三、结果与讨论

1. 凝结时间

凝结时间是影响修补砂浆操作性的重要参数，试验中使用的修补砂浆为快硬型，即需要保证施工性并尽量缩短凝结时间，其凝结时间主要受无机胶凝材料体系的影响，试验结果见表4-2。

表4-2 无机胶凝材料体系对加气混凝土板专用修补砂浆凝结时间的影响

编号	硫铝水泥/%	半水石膏/%	初凝时间/min	终凝时间/min
1	10	90	4	9
2	30	70	6	12
3	50	50	7.5	17
4	70	30	16.5	34
5	90	10	30	90

由表4-2可知，硫铝酸盐水泥与半水石膏质量比为9:1时，修补砂浆初凝时间为30min，终凝时间为90min，可以满足施工要求。

2. 抗压、抗折强度

不同胶砂比修补砂浆的抗压强度、抗折强度、压折比见表4-3。工程中常用加气混凝土板为B05 A3.5级，对于修补砂浆，过高的抗压强度对提高性能无益；较高的6h抗压、抗折强度能够减少加气混凝土板修补后的放置时间，提高效率；压折比主要体现修补砂浆材料的柔性，较低的压折比可以提高修补砂浆抵抗因内力和外力而开裂的能力。试验中确定的最优胶砂比为1:2。

表4-3 胶砂比对加气混凝土板专用修补砂浆抗压、抗折强度的影响

编号	胶砂比	抗压强度/MPa		抗折强度/MPa		28d 压折比
		6h	28d	6h	28d	
1	1:1	10.1	32.4	3.1	4.2	7.7
2	1:2	9.2	21.5	2.6	3.3	6.5
3	1:3	3.6	10.8	1.3	1.8	6.0
4	1:4	1.1	4.8	0.2	0.7	6.9

3. 保水率及拉伸黏结强度

由表4-4可知，HPMC及可再分散乳胶粉均可以提高修补砂浆的保水率与拉伸黏结强度，修补砂浆的保水率随着HPMC掺量的增加而提高。这是由于纤维素醚的保水作用，一定掺量的纤维素醚保持的水在砂浆中有足够长的时间能够促使水泥持续水化，提高砂浆与基材的附着力。可再分散乳胶粉作为一种有机胶凝材料可以增强修补砂浆的内聚力，提高其保水性，使黏结界面由机械黏结向机械-化学黏结转变，提高了黏结力。

表4-4 外加剂对加气混凝土板专用修补砂浆保水率及拉伸黏结强度的影响

编号	HPMC/%	5044N/%	保水率/%	7d拉伸黏结强度（MPa）	破坏形式
1	0	0	75.4	0.29	界面坏
2	0.1	0	82.6	0.32	界面坏
3	0.2	0	97.8	0.39	界面坏
4	0.3	0	99.3	0.37	界面坏
5	0.2	1.0	98.0	0.58	基材坏
6	0.2	2.0	98.1	0.60	基材坏
7	0.2	3.0	98.5	0.57	基材坏

7d拉伸黏结强度测试用基板为B06 A5.0级砂加气混凝土板，5044N掺量为1.0%时即可造成基材破坏，同时，修补砂浆保水率为98.0%，满足施工要求。确定的最优HPMC及5044N掺量分别为0.2%和1.0%。

4. 收缩率

修补砂浆的体积稳定性是减少后期开裂的重要影响因素之一。图4-14所示为最优配比（硫铝酸盐水泥占29.7%，半水石膏占3.3%，砂占65.8%，5044N占1%，HPMC占0.2%）的收缩率试验结果。由图4-14可知，修补砂浆在1d龄期产生微膨胀，随后收缩，28d收缩率为0.016%，远低于《修补砂浆》（JC/T2381—2016）中的限值0.10%，表明加气混凝土板专用修补砂浆的体积稳定性较好。

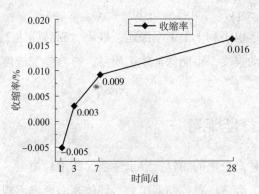

图4-14 加气混凝土板专用修补砂浆收缩率

上述试验表明：

（1）为满足快硬特性及施工需求，加气混凝土板专用修补砂浆中硫铝酸盐水泥与半水石膏质量比为 9：1，最优胶砂比为 1：2。

(2)纤维素醚和可再分散乳胶粉均可提高加气混凝土板专用修补砂浆的保水率及拉伸黏结强度，前者主要提高保水率，后者主要提高拉伸黏结强度。两种外加剂共同作用下，最优掺量为 HPMC 0.2%，5044N 为 1.0%。

(3)由于采用了硫铝酸盐水泥及半水石膏二元胶凝材料体系，同时掺入了纤维素醚及可再分散乳胶粉，使最优配比下加气混凝土板专用修补砂浆具有快硬早强、高保水、高黏结力、低收缩的特点，为后续开发产品奠定了基础。

第 4 节　蒸压加气混凝土制品粘连的成因分析及解决措施

对生产蒸压加气混凝土企业而言，质量是企业的生命，是企业信誉的标志、是企业开拓市场的敲门砖，是提高企业经济效益的最佳途径和保证。加气混凝土制品的粘连是潜在的重大质量问题，往往给企业带来重大经济损失和信誉损失。其粘连往往表现在两个方面：

(1)制品出釜后，靠侧板的制品与侧板粘连在一起，较难从原切割缝分开。

(2)制品的切割平行缝与上部制品粘连在一起，严重时往往是制品的粘连与裂纹同时存在。

在包装工序，制品粘连会严重影响生产，制品在经掰扳机掰松分离时，不能达到掰松的目的，只能调大夹具液压力度，同时将对制品造成严重损伤产生裂缝，当又进入下一工序夹砖机夹砖码放托盘时，有的制品还贴在模底板上。轻者损伤制品断裂 10% 左右，严重时高达 30% 左右。

另外，制品粘连也不利于上下车搬运、堆码。制品到达工地后，工人施工操作难度大，增加劳动强度，不能保证施工质量，影响施工进度，增加墙面抹面灰难度及施工成本。

一、控制原材料含泥量

由于黏土是一种高分散的物料，吸水性强、需水量加大，保塑性很差。原材料中含泥量过高时，会造成料浆黏度增大，坯体表面形成不规则的凹坑，强度下降，靠侧板方向及模框四周不吸水，收缩加大，稠化很慢，延长坯体硬化时间，造成粘连。

在水泥、石灰、砂加气混凝土中掺入 10% ~15% 的粉煤灰。粉煤灰的主要组成是硅铝玻璃体，其数量一般达70%左右，主要成分二氧化硅（SiO_2）和三氧化二铝（Al_2O_3），是粉煤灰活性的主要来源。这种活性是指粉煤灰与石灰等碱性物质进行反应的能力，这是粉煤灰与砂子最大的不同之处。

蒸养粉煤灰制品的水化产物主要有：①水化硅酸钙，主要是CSH（1）；②水化硫铝酸钙，包括单硫型、三硫型；③水石榴子石。所以，在砂中掺入粉煤灰可以：①提高制品强度，降低制品的干燥收缩和碳化收缩；②增加料浆黏度，缩短稠化静停时间，增加产量；③适当节约水泥、石灰掺入量。最重要的是，解决了砂中含泥高带来的诸多不利制品的因素，缩短蒸压养护恒压时间，解决制品的粘连。

二、解决黏模的措施

黏模是浇注、切割、蒸压养护等阶段经常出现的损伤，无论在哪一阶段发生，其产生的原因大致一样：

(1)模框、侧板涂油不当，没有涂刷均匀，或选用的脱模油黏度过低，涂油层起不到隔离作用。

(2)侧板清理不干净，主要由上次黏模造成，底板上的黏着物与重新浇注的坯体形成牢固的结合，一次不清理干净，而侧板黏着物经反复蒸压养护，由此造成反复的黏模，导致制品的损伤。

模框、侧板涂油是加气行业一个重要的生产环节。

三、料浆细度

对砂、粉煤灰等颗粒状物料进行磨细是加气混凝土生产工艺的主要环节之一，可以极大地提高物料的比表面积，增加物料参加化学反应的能力。原料磨细处理使颗粒变小，打破砂、粉煤灰的团粒，产生新表面的石英晶体被研磨扭曲晶格，晶格变得不完整或无定形硅的溶解，促进SiO_2与CaO的反应，使得这些物料的活性得以充分发挥。

经磨细的物料，可减缓物料的沉降分解速度，提高料浆的黏度，使料浆具有适当的稠度和流动性，为发气膨胀创造良好的条件，使坯体形成良好的气孔结构，提高坯体强度和硬化速度，以利切割。

所以，料浆细度控制在25%~35%之间（0.08mm方孔筛筛余量），料浆太细了会造成粘连，同时增加电力成本。

四、减少废料量

在设计料浆用量时，面包头不能太大，仅需能满足坯体切割高度，这样才能减少废料量，合适的范围不超过5%。

五、控制石膏掺入量

在水泥、石灰、粉煤灰加气混凝土制品中掺入石膏可以显著提高制品强度，减少制品收缩，碳系数也有很大提高。

同时，石膏在混凝土浇筑、稠化过程中对石灰的消解起到延缓作用，减慢料浆的稠化速度。因此，制定工艺参数和水料比时，要根据石灰的质量掌握合适的用量，再掺入合适的石膏用量，一般石膏的掺入量控制在5%以内。

石膏在水泥、石灰、砂加气混凝土中与粉煤灰加气混凝土中的作用不尽相同，石膏的主要作用是对石灰消解的抑制，使料浆稠化延长，使料浆温度上升平缓，形成良好的气孔结构。石膏对制品的强度在一定范围内有好处，但当用量过多时，会造成料浆稠化过慢而引起冒泡和下沉，甚至塌模。所以，石膏用量控制在3%以内。

有条件的地方，可以在水泥、石灰、粉煤灰加气混凝土中掺入约10%的砂，增加制品强度，减少制品粘连；也可在水泥、石灰、砂加气混凝土中掺入约10%的粉煤灰，增加料浆黏度，缩短静停稠化时间及恒压时间，同时减少制品粘连。

六、适当提高浇注温度

适当提高浇注温度，具有双重作用句可以有效避免粘连，但浇注温度过高也容易造成坯体表面出现龟裂纹。所以要根据实际情况调整合适的浇注温度。

七、合适的水料比

水在加气混凝土生产中是很重要的组分，它既是发气反应和水热合成反应的参与组分，又是使各物料均匀混合和进行各种化学反应的必要介质。水的多少直接关系到加气混凝土生产质量的好坏。

合理的水料比不仅能够满足制品化学反应的需要，更重要的是可以满足加气混凝土坯体浇注成型。适当的水料比可以使料浆具有适宜的流动性，为发气膨胀及稠化提供必要的条件；适当的水料比可以使料浆保持适宜的极限剪切应力，使发气顺畅，料浆稠度适宜，从而使加气混凝土获得良好的气孔结构，对加气混凝土的性能产生有利的影响。

在一定的工艺条件下，在加气混凝土砌块、墙板、原材料性能优劣、产品密度不同的情况下，往往对应不同的最佳水料比。一般来说，密度为 $600kg/m^3$ 的水泥、石灰、砂、粉煤灰加气混凝土的最佳水料比为 $0.60 \sim 0.75$。

生产过程中，通常能够稳定水料比在较小的范围内，同时还要根据原材料的波动而经常调整水料比，否则将影响浇注的稳定性、气孔结构及坯体的稠化硬化速度。

水料比过大时，坯体硬化延缓，最容易造成粘连，同时也最容易产生裂纹。遇到此种情况，应立即适当减小水料比，适当增加石灰和水泥用量，以达到解决粘连的目的。

八、切割时坯体太软造成粘连

许多企业生产班组为通过计件增加班组效益，时常将稠化后尚未达到切割硬化的坯体切割。其后果是制品外观粗糙不光滑，且会导致出釜后制品粘连，造成不必要的损失。生产中应严格按生产工艺制度操作，监督延长静停时间，增加坯体硬度后才能切割，以保证制品出釜后不粘连。

第5节　蒸压加气混凝土墙板产生生芯、水印的原因及解决方法

一、原料方面

1. 砂子

砂子是加气混凝土采用的硅质材料，在加气混凝土中的作用主要是提供二氧化硅(SiO_2)。

砂子中不含杂质(树皮、草根等)。有些企业由于当地生产条件所限，砂(SiO_2)含量达不到 $65\% \sim 75\%$，虽然也可使用，但增加了生产工艺控制难度和成

本。总的来说，砂（SiO_2）含量越高越好，杂质越少越好。

2. 粉煤灰

粉煤灰的主要组成是硅、铝玻璃体，其数量一般达 70% 左右，主要成分二氧化硅（SiO_2）和三氧化二铝（Al_2O_3），其也是粉煤灰活性的主要来源。这种活性是指粉煤灰与石灰等碱性物质进行反应的能力，这是粉煤灰与砂子最大的不同之处。

粉煤灰在加气混凝土中的作用主要是提供砂（SiO_2），但其中含有的 Al_2O_3 也具有比较重要的作用。

3. 控制原材料含泥量

由于黏土是一种高分散的物料，其吸水性强，需水量加大，保塑性很差，当含泥量过高时，会造成料浆黏度增大，坯体表面形成不规则的凹坑，砌块强度下降，靠侧板方向及模框四周不吸水，收缩加大，稠化很慢，延长坯体硬化时间，造成粘连。黏土中含有一定量的三氧化二铝（Al_2O_3），又可以促进托勃莫来石的生成。

有的企业所在地区砂中的二氧化硅含量只能达到 65% 左右，甚至只有 55% 左右，而含泥量高达 20% 左右。利用这类原材料生产加气混凝土砌块时粘连的现象是非常严重。为解决这一问题，首先，利用黏土中含有的三氧化二铝（Al_2O_3）来促进托勃莫来石的生成。托勃莫来石是硅酸盐混凝土中最主要的水化生成物，是一种结晶完好的单碱水化硅酸钙。在 CSH（1）中穿插一些托勃莫来石，其强度比单一 CSH（1）试件高出近一倍，在 CO_2 作用下也被分解成方解石。其次，要在水泥、石灰、砂加气混凝土中掺 10% ~15% 的粉煤灰。

企业要尽可能利用当地无污染或者低污染的工业废料。加气混凝土砌块、墙板具有一定的强度，是基本组成材料中的钙质材料和硅质材料在蒸压养护条件下相互作用的结果。氧化钙（CaO）与二氧化硅（SiO_2）之间会进行水热合成反应产生新的水化产物。因此，氧化钙（CaO）与二氧化硅（SiO_2）之间必须维持合理的比例，使其能够进行充分有效的反应，达到使加气混凝土砌块、墙板获得强度，又不出现生芯、水印的现象。

从加气混凝土的品种看，目前有水泥、石灰、矿渣加气混凝土，水泥、石灰、砂加气混凝土，水泥、石灰、粉煤灰、砂加气混凝土，水泥、石灰、金矿尾泥、尾矿砂加气混凝土，水泥、石灰、钼矿尾泥、砂加气混凝土，等等。

二、生产工艺方面

从生产工艺来说，钙硅比具有最佳值和最佳范围。一般来说，钙硅比在 0.6~0.8 之间，但不能机械地把钙硅比与水化产物的组成和性能等同起来，要根据各种原材料中二氧化硅（SiO_2）含量和三氧化二铝（Al_2O_3）含量，结合石灰中有效钙（$A-CaO$）与硅质材料进行充分的反应，产生较多的水化产物，从而减少和杜绝蒸压加气混凝土制品生芯和水印的现象。

要充分考虑蒸压加气混凝土制品的使用性能是否符合建筑的要求，包括其体积密度、抗压强度、耐久性、收缩值等。结合各企业原材料实际情况、生产条件及经理论配合的研究试验，制定合理的配合比，最后计算出配方。

蒸压加气混凝土砌块、墙板坯体应按配料、磨浆、浇注、插钎、静养、稠化、拔钎、切割、吊装编组等顺序存放釜前，等待入釜蒸压养护。

三、蒸汽养护方面

坯体的第一模与最后一模切割编组，大约用时 90~120min，坯体的温度、湿度会受到切割顺序时间差的影响。蒸养车、底板的温度也有差异。因此，在釜前设置保湿增湿恒温室很有必要，可以使坯体温度、湿度比较均匀，同时也使蒸养车、底板温度比较均匀。这样可以缩短升温时间、恒压时间，减少蒸汽消耗量，减少和杜绝生芯、水印的产生。

在这里还需要说明的是，设置釜前保湿增湿恒温室，不能只注重恒温而不注重保湿增湿，否则极易造成坯体脱水，严重影响水化反应的进行，降低制品性能。蒸汽与坯体的热交换首先是从坯体外露的表面开始的，蒸汽坯体与表面接触时被迅速冷却，同时释放出气化热，蒸汽冷凝后在坯体表面形成水膜并充满外表气孔。坯体表面首先被加热，坯体外层温度和湿度逐渐高于坯体内的温度和湿度，在这种情况下，表层温度势必向比较低的内部传递，较高湿度的水分也将向内层渗透。这种热传递和渗透直到坯体内外温度、湿度达到平衡后才会停下来。在坯体与底板接触的部分，热量传递通过底板之间进行，由于没有和蒸汽直接接触的机会，也没有冷凝水由外向内的迁移运动，因而这部分坯体的温度低于直接接触的部分，这部分坯体极容易产生粘连和生芯、水印。当坯体由内向外各部分温度接近均衡，釜体、蒸养车、底板等达到要求的温度时，升温过程结束，养护进入恒温阶段。

蒸压釜在运行中，空气的传热效率大大低于水蒸气，空气中含湿量越高，其含热量和放热系数也越高。所以，蒸压釜内含有干空气对热交换是一种阻碍。

例如，在直径 2.68m×38m 的蒸压釜内，当装载 18 个 6m×1.45m×0.6m 的加气混凝土砌块或者墙板坯体时，除去坯体、蒸养小车、底板的体积后，约有 120m³ 的空间，若不进行抽真空，蒸压釜内坯体经过约 3h 的升温才能达到 120℃ 左右，需要约 6~7h 才能达到均匀恒温。若进行 30min 的抽真空，使釜内真空度达到 0.06MPa，升温至 175℃ 以上则需 1.5h 左右，2h 左右可达到均匀恒温。这是因为，空气在坯体表面会形成一层静止的薄层，这层气膜的导热系数很小，它阻碍蒸汽向坯体传热。因此，先抽真空后，釜内空气大部分被排出，蒸汽与坯体的热交换效果得以改善。同时，由于釜内和制品气孔的部分气体排出后形成了负压状态，在送汽升温时，蒸汽不仅在坯体表面冷凝和渗透，而且在坯体内部负压的作用下被坯体内层吸入，有利于把热量传送到坯体内部，使整个坯体温度迅速上升，有利于各部分温度的均匀，减小升温时坯体内部的应力。

蒸压加气混凝土砌块、墙板坯体经釜前恒温室保温保湿后，蒸养车、底板的温度及坯体之间的温差、湿差缩小。砌块进釜后，抽真空 30min，真空度达到 0.06MPa。砌块闷 30min，墙板闷 60min。采取这样的措施后，各蒸养车与底板的温度差均衡，各砌块坯体或墙板坯体之间温度与湿度更均衡，为下一步蒸压养护升温、恒温、制品的水热合成反应，生成足够的水化产物并达到必要的结晶度。同时，缩短了升温时间及恒温时间，为节约蒸汽消耗量和增加产量创造了条件。

应该注意的是，在进行板材的蒸压养护时，与砌块不同的是，必须制定与砌块不同的蒸压养护制度，温度的升降必须缓慢，以尽量缩小坯体内外的温差，避免板材因裂缝而报废。

在整个蒸压养护过程中，热量在坯体内部的传递主要是通过冷凝水的迁移和蒸汽的渗透来完成的。所以，砌块坯体或者墙板坯体的透气性对于坯体内部的热传递具有非常大的影响，主要表现为对坯体升温速度的影响。影响加气混凝土坯体透气性的因素主要是原材料的品种，同品种的砌块坯体或者墙板坯体，原材料的细度对透气性的影响非常大。

透气性由好到差依次是：水泥、石灰、矿渣加气混凝土；水泥、石灰、砂加气混凝土；水泥、石灰、粉煤灰加气混凝土。

从料浆细度看，较粗的材料优于较细的材料，但这些都不是一成不变的。企业可对原材料品种进行搭配，比如：水泥、石灰、粉煤灰加气混凝土可以搭配矿渣或砂子，增加二氧化硅（SiO_2）含量，增加透气性和调整料浆细度。

料浆细度可以极大地提高物料的表面积，增加物料参与化学反应的能力，减缓物料的沉降分离的速度，给正在发气的料浆稳定性创造良好的条件；同时，具有良好的保水性，使料浆具有适当的稠度和流动性，给发气速度提供保证，提高坯体强度，能更充分参与水热合成反应，减少生芯和水印。

料浆质量通常以测定的浓度和细度来确定。具体质量要求根据企业生产工艺和储存条件确定。

料浆的密度一般为 1.60～1.75kg/L，多用量杯和量筒称重计算。料浆的细度在 0.080mm 方孔筛筛余量在 20%～25% 之间，若磨得过细，强度增加很少，干燥收缩值猛增超标，透气性也会非常差，造成生芯和水印。

蒸压釜对坯体进行蒸压的过程中，蒸汽经过热交换后，形成的冷凝水也吸收一部分热量，冷凝水较多时，聚集在蒸养釜的底部，而且空气的密度大于蒸汽，往往造成釜内上下部分的温度差应力。蒸压釜在这种周期性的应力作用下，会造成釜内上下过大的应力差和热变形差，使其构成材料疲劳而失去部分强度。同时，水和气体的腐蚀，会使其材料强度降低，不利于蒸压釜的安全使用。

因此，在升温的最初阶段（30～60min），釜内会产生大量冷凝水，应及时排放冷凝水。若不及时排放冷凝水，将会影响升温，影响制品的水热合成反应，造成制品生芯和水印。一台 2.68m×39m 的蒸压釜，其冷凝水约在 8～11t 左右。

利用冷凝水，不仅可以利用一部分热量，还可以节约水资源和生产成本。冷凝水余热利用和蒸压釜余热利用可以通过热交换器完成。水加热后供锅炉使用，还可以通过管道输入静养室供散热器供暖，满足静养室的温度要求；通过管道输入釜前恒温室由散热器供热，增湿器保湿；还可以通过水箱中管加热水供职工洗澡和办公室车间采暖等；可以利用部分冷凝水参与磨浆。

蒸压釜排出的余热及冷凝水中含有一些硫离子等杂质，所以，利用冷凝水参与磨浆不能掺太多，否则也会造成制品生芯与水印。

四、废浆、废砌块利用方面

企业在生产过程中会产生废浆及废砌块。为了保护环境和节约生产成本，在生产过程中应加强质量管理，严格质量控制，把废浆和废砌块控制在 3% 左右。

废浆具有较高的碱度，废浆掺入混合磨浆，对坯体硬化有一定促进作用，有利于坯体的硬化。

废砌块经过破碎后可以掺入其他原材料一同混合磨浆。

废浆、废砌块掺入磨浆必须控制在 5% 以内，否则也会影响水化反应的进行，严重时会造成制品生芯和水印。

五、墙板厚度方面

生产蒸压加气混凝土厚度在 40mm、50mm 的保温板时，容易产生生芯、水印及蒸不熟的现象；生产蒸压加气混凝土墙板厚度在 50mm、75mm、100mm 的薄墙板时，也容易产生生芯、水印及蒸不熟现象。

每条釜的蒸压加气混凝土保温板规格必须一致，不能厚薄不一。除采取以上措施外，应适当延长恒温时间 30~60min；每条釜的蒸压加气混凝土墙板规格必须一致，不能厚薄不一、长短不一。从而可以解决保温板、薄墙板生芯、水印及蒸不熟现象。

六、蒸压釜维护方面

蒸压釜由釜体、釜圈、釜门、布气管、安全阀、疏水器等构成。釜体是蒸压釜的主要部分，是蒸汽及被养护制品的容器，又是蒸养车、底板和制品质量的载体；釜圈是釜体与釜门的过渡部件，起到啮合釜门，保证密封的作用，密封主要靠安装在釜圈上的密封圈完成；布气管将外部通入的高压蒸汽均匀地布于釜内；疏水器主要为隔离蒸汽，排出冷凝水之用；安全阀则在紧急情况（如超压）时，自动泄出蒸汽，保证安全生产。

蒸压釜是一种大型压力容器，生产中频繁多次使用，长年累月的重复升温降温、升压降压、加荷卸荷的过程，不仅蒸压釜要不断地热胀冷缩而承受各种应力，而且会受到蒸汽混合物和冷凝水中有害成分的侵害腐蚀，各转动部件和密封材料也在磨损和老化。因此，必须定期检查、检修和做好日常维护工作，及时更换密封圈等易损部件。否则会带来安全问题和制品产生生芯、水印及蒸不熟情况。

第6节　蒸压加气混凝土立切立蒸与卧切卧蒸工艺对比分析

一、立切与卧切工艺流程对比

立切与卧切工艺设备组成单元不同，立切一般由空翻脱模、侧切去面包皮、水平切、垂直切、釜前吊机编弪等工序；卧切一般采用四面开模，通过开模及夹坯机构脱模，生产板材时在夹坯机构夹持状态切底槽、坯体长度方向切割、坯体厚度方向切面包头和凸槽、1200方向切割定板厚，然后通过坯体传输系统编组。空模箱通过合模机构和摆渡车合模流转回程见表4–5。

表4–5　立切与卧切工艺设备组成单元对比

切割形式	脱模设备	切割步骤1	切割步骤2	切割步骤3	切割步骤4	切割步骤5
立切	空翻脱模机	侧切及切榫槽	水平切割机	垂直切割机	翻转台	釜前堆垛吊机编组
卧切	开模及夹坯机构	湿坯体夹坯吊机切底槽	坯体长度6000方向切断	600方向切面包头和凸槽	1200方向切割定板厚	坯体传送系统编组

二、立切与卧切工艺生产节拍分析

1. 立切工艺设备单机运行速度

空翻脱模机：大约在2.5min左右；侧切及切槽：0.5min；水平切割机：1min左右；垂直切割机：1~2min左右；翻转台：2min左右；前码垛吊机：3min左右。

整条切割线在使用过程中，单模的切割时间大约为4~4.5min。

卧切设备单机为整体设备，单模的切割时间大约为4.5min，满速可以达到3.5min(图4–15)。

2. 影响立切运行速度的因素

(1)空翻脱模会受侧板回程轨道速度影响，并且还会受到模具车运输轨道运送坯体速度的影响，但时间基本能保证在4min左右。

图 4 - 15　卧切与立切设备示意图

（2）立切切割线在使用过程中，单模的切割时间大约为 4 ~ 4.5min，但水平与垂直切割机的运行时间大约为 3min，故而主要切割设备并不影响整体速度。

（3）去顶皮底皮时，翻转台与釜前码垛受切割线速度及蒸养车回程线影响及蒸养车入釜影响，工作时间比单机时间长。

实际达标达产时，每小时切割 15 模，平均切割时间约为 4min。

三、立切与卧切工艺生产效果对比分析

1. 立切可能产生的工艺问题

（1）空翻脱模时，因角度、模具车锁腿松紧、工艺原料、切割时间等原因，可能出现边角破损、中部断裂等现象，也会受脱模油及涂油机品质影响造成难以脱模或损坏坯体等现象。

（2）切割过程中，会因为小车水平度、坯体自身硬度及塑性、切割尺寸及钢丝尺寸的影响出现沉降裂纹。

（3）因为垂直切割切削废料难以排出，导致垂直切割缝锯齿状明显。

（4）坯体经过翻转台翻转后再立于侧板上时，砖与砖之间的间距会变化。当石灰等胶结料膨胀量变大时，容易造成釜后分掰时的底部破损。

2. 卧切可能产生的工艺问题

（1）钢条刚度不够，导致坯体在行走过程中上下起伏，严重情况下坯体损伤。

（2）切割频率较低时，会造成切割质量问题，一般要求在 1500r/min 左右（表 4 - 6）。

表4-6 立切与卧切优缺点对比分析

	优点	缺点
立切	(1)设备单机独立，出现状况时维修较为方便迅速； (2)理论上，最快的切割时间为2min30s，切割表面质量较高，不会出现明显痕迹	(1)可能会引发一些工艺问题，如空翻后的翻转裂纹、薄板的切割沉降等； (2)因为垂直切割切削废料难以排出，导致的垂直切割缝锯齿状明显； (3)坯体经过翻转台翻转后再立于侧板上时，砖与砖之间的间距会变化，影响釜后分掰
卧切	(1)双丝高速切割切出的板材，表面光滑，外表美观； (2)切割时坯体受力均匀，坯体损伤较小； (3)有利于后续蒸养及釜后分掰； (4)工艺相关问题较少	(1)设备造价高(结构复杂)，场地占用较大，使用及维修成本高； (2)设备加工难度大； (3)100nm及以下的板材由于支撑面积小，板的底部有支撑钢条的痕迹，严重影响产品美观； (4)75mm以下的板材切割有一定难度

四、立蒸与卧蒸对比分析

立切立蒸是指浇注入模箱后翻转90°切割，并保持当前形态入釜蒸养；立切卧蒸是浇注入模箱后翻转90°切割，再翻转回浇铸形态编组入釜蒸养；卧切卧蒸是始终保持与浇注时同样形态切割及入釜蒸养。不同蒸养方式对产品能耗及蒸养效果有不同影响(图4-16)。

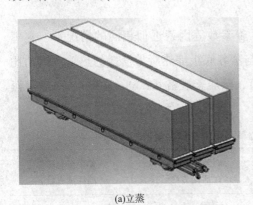

(a)立蒸　　　　　　　　　　(b)卧蒸

图4-16 立蒸与卧蒸示意图

1. 能耗差异

当热量在物体内部以热传导的方式传递时，遇到的阻力称为导热热阻。对于热流经过的截面积不变的平板，导热热阻为 $L/(k \cdot A)$。其中，L 为平板的厚度；A 为平板垂直于热流方向的截面积；k 为平板材料的热导率。

坯体热阻主要与坯体的厚度及导热面积有关，可以用坯体的受热面积及传热厚度来近似表示传热效率（表4-7、表4-8）。

表4-7 6m×1.2m 模具砌块立蒸与卧蒸坯体接触面积

砌块	与蒸养底板接触面积	与蒸汽接触面积（未湿掰）	与蒸汽接触面积（湿掰）
立蒸/（模/m²）	3.6	19.44	19.44
卧蒸/（模/m²）	7.2	15.84	51.84

表4-8 6m×1.2m 模具板材立蒸与卧蒸坯体接触面积

板材	与蒸养底板接触面积	与蒸汽接触面积（未湿掰）	与蒸汽接触面积（湿掰）
立蒸/（模/m²）	3.54	19.44	19.44
卧蒸（200mm 板材）/（模/m²）	3.312	19.728	55.584
卧蒸（100mm 板材）/（模/m²）	3.6	21.24	105.816

在连续生产中，蒸压釜内温度一般为 70℃ 左右，蒸压釜抽真空后温度为 50℃，蒸压小车初始温度为 20℃，蒸压底板初始温度为 30℃，入釜制品坯体初始温度为 80℃，车间平均环境温度为 20℃，恒温阶段釜保温层外表面温度为 25℃。

由表4-9可知，在工艺配方、蒸压釜参数等因素近似相同的情况下，立蒸与卧蒸的能耗差别主要来源于蒸养小车与蒸养底板加热所需消耗的热焓。钢的比热容可大致计算为 $0.46 \times 10^3 J/(kg \cdot ℃)$，蒸压釜规格 $\Phi 2.68m \times 38m$，每釜可蒸养18模砌块（板材）（表4-9）。

表4-9 6m×1.2m 模具立蒸与卧蒸坯体热量消耗对比

蒸养形式	蒸养小车总质量/t	蒸养底板总质量/t	加热蒸养小车热焓（消耗蒸汽量）	蒸养小车总质量（消耗蒸汽量）
立蒸	6.2502	20.196	482900.4523kJ（约消耗243kg蒸汽）	1467473.6736kJ（约消耗740kg蒸汽）
卧蒸	5.592	13.824	406323.6672kJ（约消耗205kg蒸汽）	1004473.9584kJ（约消耗506kg蒸汽）

2. 蒸养效果

立式蒸养无论是砌块还是板材,其与蒸汽的接触面积及传热厚度无变化,为3.6m²和0.6m。

卧式蒸养砌块与底板接触面积为7.2m²,传热厚度为0.6m,而板材因为开槽的原因会增加与蒸汽的接触面,减少与底板的接触面,但实际上会因为蒸汽难以在空槽处流动而导致热交换困难。

卧蒸在经过湿掰后,原本黏合的表面会分开,有利于热传导,极大地增加了与蒸汽的接触面积,薄板尤其明显。

经过湿掰后的卧式蒸养的传热厚度近似为板厚,远小于立式蒸养的厚度(0.6m)。

不湿掰的卧式蒸养,蒸养过程中的导热相对立式蒸养并无优势。甚至会因为底部槽面空气难以流通,导热效果变差(图4-17)。

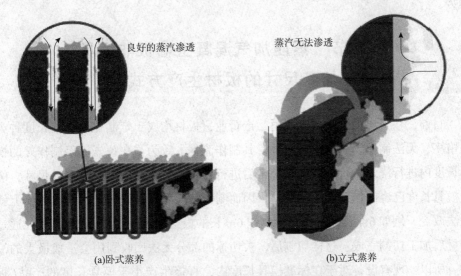

(a)卧式蒸养　　　　　　　　　(b)立式蒸养

图4-17　卧式蒸养与立式蒸养蒸汽分布示意图

卧式蒸养能有效增加与蒸汽的接触面积,有利于蒸汽渗透。采用立式蒸养时,在自身重力作用下,蒸汽难以渗透且界面容易再次相互反应发生粘接。

蒸压釜在实际使用过程中,会因为不断产生冷凝水而造成釜内温度分布不均匀。温度分布大致可以总结为上部温度高于下部温度,靠近疏水阀处的温度低于其他部分的温度。正常情况下,釜内上、下温差可达20℃左右,不利于底部的蒸养。底部导热较差的卧蒸蒸养效果较差。

随着坯体温度升高及重力作用,坯体内部水分及可溶性的盐会随之迁移。立式蒸养迁移的路径劣于卧式,其产生水印的可能性较大。

湿掰后的卧式蒸养,单块受热,热阻小,导热快,内外温差小,故而内外坯体的膨胀量相差较小。相同工艺条件下,蒸养裂纹出现的可能性小。湿掰后的卧式蒸养,导热面积大,传热厚度小,热阻小,导热快。所以蒸养的效果较好,蒸养的时间会有所减少。卧式蒸养的整体时间大约在 8h 左右,而立式蒸养时间一般在 12h 以上。

立切工艺相比于卧切工艺,设备较简单,设备占地面积小,对切割坯体硬度要求更低,适合国内的市场需求。卧切工艺设备复杂,子设备多,对设备精度要求更高,同样条件下产品品质高,适合走高端路线的企业。

在未进行湿式分掰的情况下,立式蒸养与卧式蒸养优劣区别不明显,若在卧切工艺下进行湿式分掰,卧切卧蒸相比立切立蒸具有切割精度高、产品质量好、无水印、蒸养周期短等优点,能够提高装备水平和工艺水平,是未来几年的发展趋势。

第 7 节　蒸压加气混凝土墙板非模具
长度尺寸的板材生产方式

目前,在蒸压加气混凝土板材生产行业,板材均属于定制化生产,长度种类规格多,无法制作统一的长度尺寸,其制作流程大致为:在预先已经制作好的模具长度内进行浇筑,待料浆发气稳定后进行切割,形成我们需要的产品尺寸,由于模具长度已经制作好,无法调整,因而制作的产品尤其是板材在长度方向上就无法改变,例如 6m 长的模具只能制作 6m 长的板材,小于 6m 长的板材只能通过板材后加工切割完成;这样切割后,被切掉的部分无法回收利用会造成极大的浪费。所以,现有设备对于在标准模具长度内,直接生产小于模具长度的产品(板材)是根本无法实现的。针对此问题,为了确保模具的利用率,减少原材料的浪费,在制作小于标准模具长度的板材时自动放入挡板,将模具长度分割成所需的长度,这一新型的挡板置入时的生产方式对板材的制作具有重大意义。

一、现阶段常见的非模具长度的板材生产方式及存在问题

1. 常规的一半砌块、一半板材生产法

常规的一半砌块、一半板材生产方法为目前市场上在生产非模具长度尺寸的

板材时采用的主要方法。由于模具尺寸已经确定，因此，在生产小于模具长度的板材时大都配合砌块进行生产。以 6m 长模具为例，假设生产 4m 长的板材，则需要在模具一侧配置板材制作所需要的网笼，另一侧用于砌块生产。由于板材配置了网笼，其密度相对砌块密度高，那么在板材切割时，由于沉降的影响极容易造成坯体开裂。而且其配合生产的砌块也不一定刚好有客户需要，因而会造成存储量高，周转率低。另外，板材生产过程中需要刨槽，而砌块不需要，所以在刨槽刀退刀过程中也会造成一定范围内坯体的损坏，造成生产过程中的废料过多。

2. 板材后加工方法

该方法主要是先按照模具长度制作出板材，然后按照客户需要利用板材后加工设备将板材切割成所需要的长度。这种方式虽然灵活性高，但是需要配套板材后加工设备，目前国内外还没有成熟的全自动化的板材后加工设备，均是采用半自动化完成，其切割效率低，无法匹配整个生产线的产能，并且其被切掉的部分，有的尺寸无法回收利用，会造成极大的浪费。

3. 新的自动放挡板的生产方式介绍

利用模具挡板及其转运装置将将模具的长度分隔成所需要的产品尺寸(图 4 - 18)，并对挡板进行转运，降低生产成本。由于模具车从浇注开始到最终准备切割时，其行走距离太远，且路线轨迹复杂，所以放在模具车内的模具挡板的固定方式均无外接动力。

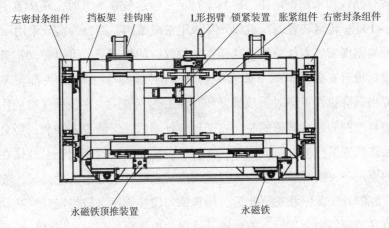

图 4 - 18　挡板外形图

图 4 - 18 所示为一种新型的模具挡板，它由挡板架、挂钩座、左密封条组

件、右密封条组件、胀紧组件、锁紧装置、永磁铁顶推装置、永磁铁等组成。将挂钩座用螺钉安装在挡板架上，这样当外力作用在挂钩座上时可以将挡板架移动；挡板架左、右两侧开导向孔，将左、右密封条组件插入在挡板架上，并将胀紧组件与之相连，这样，当胀紧组件受到外力的作用时，可以使得左、右密封条组件向两侧张开。上面所说的左、右密封条组件的左右移动是靠胀紧组件上的 L 形拐臂的旋转来完成的，我们将胀紧组件安装在挡板架上，这样当外力作用在 L 形拐臂上时，胀紧组件旋转轴会进行旋转，最终可以使左、右密封条组件胀紧，保证挡板组件左右两侧与模具车紧密贴合不漏浆。由于模具挡板需要随模具车进行循环，所以在外力撤销后，其模具挡板需保持当前状态，所以我们安装有锁紧装置，保证胀紧组件在左、右密封条组件胀紧后，外力撤销时不得松开。锁紧装置主要采用弹簧压紧的方式，即用弹簧压紧销轴，顶紧胀紧组件的旋转轴，防止旋转轴旋转。

另外，将永磁铁件安装在挡板下端，将小齿轮装在永磁铁的输出轴上，并将磁铁顶推装置也安装在挡板上，使其齿条与小齿轮相啮合，这样永磁铁顶推装置的左右移动可带动齿条移动，并最终使小齿轮进行旋转，使永磁铁进行加磁和消磁。将下密封条卡在挡板架下端的 C 形槽内，这样，当永磁铁下表面压紧模具车底部时，可使挡板组件下方与模具车底部密封，防止漏浆。同时，为防止挡板组件在模具车内移动、倾倒，当其下密封条压紧后，将固定在挡板上的永磁铁锁紧在模具车上，这样最终可以使得挡板组件锁紧在模具车上。

当载有挡板和未切割坯体的模具车行走至转运装置下方时，转运装置开始动作(图4-19)。转运装置的行走和升降采用常规结构，挡板的提升采用45°提升，即斜拉框架斜面安装直线导轨，这样在斜拉气缸的作用下，可以带动提升框架沿着斜面进行提升；提升框架下面安装拐臂顶推气缸，顶推气缸头部安装顶推套环，这样当升降机构下降时，顶推套环套在 L 形拐臂上，在顶推气缸的作用下最终将与模具车两侧贴合紧密的左、右密封组件缩回，保证提升顺利。竖直安装梁下端安装磁铁锁紧气缸，磁铁锁紧气缸与永磁铁顶推装置相配合，这样在磁铁锁紧气缸的作用下，推动磁铁顶推装置进而推动永磁铁上的小齿轮旋转，使永磁铁与模具车底部处于无磁状态。此后，使挂钩勾住挂钩座，斜拉提升气缸动作，可以带动模具挡板斜向上提升，避免提升过程中损坏模具车内的坯体。最后，升降机构提升，带动模具挡板完全脱开模具车内。此时，模具车行走准备将模具挡板放入下一个空模具车内。具体操作为：斜拉气缸复位，当空模具车行走至转运装置下方时，升降机构下降，当下密封条贴紧模具车时，磁铁锁紧气缸带动永磁铁加磁锁紧；另外，由于顶推套环套在 L 形拐臂上，所以在顶推气缸的作用下带动 L 形拐臂使左、右密封条组件与模具车贴紧密封，防止浇注时漏浆。然后挂钩脱开挂钩座，最后提升机构提升，将固定好的模具挡板留在模具车内，等待浇注。当载有挡板和未切割坯体的模具车运行至已经返回复位的挡板转运装置下方时，再按上述步骤开始循环工作。

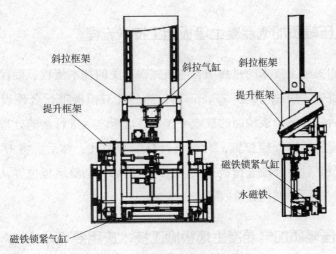

图 4-19　挡板和装运装置外形图

这种生产方式可以按照板材长度任意隔挡模具长度尺寸，原材料浪费少，节约了成本，提高了生产效率。

二、应用前景

就装配式建筑所用墙体而言，目前主要有水泥 PC 大板和蒸压加气混凝土板两种。和轻质高强保温蒸压加气混凝土砌块一样，将既属于保温材料又属于围护结构材料的轻质高强保温蒸压加气混凝土板用于装配式建筑，能更大程度提高安装效率和降低建设造价。根据预测，中国未来数年的建筑市场体量约为 13 亿 m^2/a。如按装配式建筑为建筑总量 30% 计算，约有年装配式建筑 4 亿 m^2/a 的需求。轻质高强保温蒸压加气混凝土板能会同 PC 大板满足装配式建筑需求。而在板材生产中，其挡板的应用将会节约成本，提高效率。

这种新的非模具长度尺寸的板材生产方法，对于提高板材生产产量，减少原材料浪费具有重要的现实意义，为今后板材生产提供了一定的理论依据。

第 8 节　蒸压轻质加气混凝土墙板施工技术分析

建筑工程施工企业在采用蒸压轻质加气混凝土墙板施工技术的过程中，应该完善工艺技术流程，遵循施工工作要点，科学有效开展各方面施工工作，将先进技术的作用发挥出来，全面提升整体工程的施工建设水平。

一、蒸压轻质加气混凝土墙板施工技术流程

在使用相关施工技术的过程中，应该完善相关的技术流程，确保整体工程的建设水平。首先，应做好施工准备工作，然后针对拍板进行合理设计，清理现场；在此之后，开展墙板地面的放线工作，在选板之后进行运输处理，明确梁板底部区域的膨胀螺栓固定位置，合理进行打眼与清孔；然后，将 U 形卡固定下来，板材就位之后，合理进行检查校正处理；然后，调整墙板位置，对损坏的墙板进行修补，最后开展检查验收工作。

二、蒸压轻质加气混凝土墙板施工技术应用要点

企业在施工工作中应该遵循具体的技术要点，制定出较为完善的施工技术方案，全面提升施工工作质量与水平。

1. 合理进行墙板的验收处理

实际工作中要重点开展墙板的验收工作，要求符合施工技术标准，每批墙板均需要有产品的质量证明书，具有产品标记、质量合格指标等。在墙板到达施工现场以后，需要按照具体的情况进行整理，然后开展墙板平整度、坚实度与干燥性的检验工作，通过全方位的验收，及时发现质量问题，更换有质量缺陷的墙板。

2. 墙板的施工处理

墙板实际施工的过程中，需要遵循具体的技术原则，统一工作标准，有效完成各方面的施工工作。

（1）在施工期间，要求按照设计图纸进行施工，绘制现场施工的平面图，按照墙板规格进行施工安装处理。在排版的工作中，要求按照设计图纸的标准，预留门窗口，然后结合尺寸要求开展打孔工作与线槽的施工工作。

（2）按照设计图纸的要求，明确现场施工中的排板位置，设置轴线与边线。

（3）墙板施工工作中，主要使用纵向垂直安装的方式，先进行门洞口墙面的施工，将其作为起点向着两侧区域安装，在完善安装顺序的情况下，确保整体工程的施工效果。

（4）需要合理使用射钉枪设备进行 U 形钢板卡的固定处理，主要位置是两块相互连接墙板的接缝顶端区域，应该结合具体的施工技术标准开展施工工作。

（5）要求在实际工作中，于墙板顶端区域合理设置 U 形钢板卡，板底部区域两端区域设置成为交叉叠状支撑结构，使用铁锤进行打紧，保证整体施工质量符合标准。

（6）加气墙板施工工作中，丁字转角的位置，使用 20cm 长度的钢筋进行加固处理，间距为 50cm，然后用尺子找平，保证合理的进行安装处理。

（7）在墙体的转角位置板顶区域与板底区域的 50cm 左右，设置防锈放进，如果需要进行墙板的十字相交处理，就需要使用 U 形卡合理加固。

（8）在墙板的接缝位置，粉刷石膏，并且平整处理，然后设置网格布材料，合理地进行接缝施工处理。

三、特殊位置的施工

建筑工程特殊位置施工的过程中，应该按照蒸压轻质加气混凝土墙板技术的应用标准开展处理工作，全面提升特殊位置结构的施工效果与水平。

1. 管线的合理埋设

墙板开槽处理的过程中，先使用小型的切割机设备进行切缝处理，辅助采用凿子或专业性工具进行槽口处理，不可以直接使用凿子开凿，以免出现施工质量问题。在安装管线工作完成后，需要使用卡子或者是钉子，将管线合理的固定下来，之后进行补平处理。

2. 门窗安装的施工技术

在门窗安装的过程中，应该合理使用膨管螺栓开展固定工作，也可以使用自攻螺栓进行扁铁的固定，然后在扁铁之上合理地焊接金属门窗框。在木门窗装饰的施工工作中，使用自攻螺栓进行衬套的固定处理，之后在衬套上面进行面板的处理。

3. 卫生间区域与厨房区域墙板施工

卫生间和厨房属于建筑工程中经常出现渗漏的部分，在墙板施工的过程中，必须要按照防水要求进行处理，尤其在板固定施工工作中，必须要结合防水设计标准开展工作，遵循因地制宜的施工原则，保证墙板可以符合具体的防水施工要求。

4. 水电预埋管线的开槽

水电预埋管线开槽处理的工作中，必须要科学地进行施工处理。首先，在需要进行水电管线芋芍的过程中，应该合理地在墙板之内配置两层钢筋网，纵向进行开槽处理，也可以按照设计要求横向开槽；其次，在施工工作中必须遵循科学化的工作原则，编制出完善的施工技术方案，创建出科学化的技术模式，全面提升施工效果。

第9节　蒸压加气混凝土隔墙板的施工及其应用

一、蒸压加气混凝土隔墙板的适用范围

在当前阶段建筑施工活动开展的过程中，蒸压加气混凝土隔墙板是应用最多的隔墙板材，在对其进行安装时，主要有两种不同的安装方式，分别是竖向安装及横向安装。这两种安装方式在本质上存在较大的差异。竖向安装方式常用于居住小区与商品房的建造过程中，而横向安装的模式大多运用在公共设施项目的施工中。另外，对于屋内标准高度高于 0.001m 的建筑，隔墙板应当装设在非承重构筑物架构上，比如在异性架构的建筑物施工方面、钢筋架构的构筑物施工过程中，均可运用这种隔墙板。

二、蒸压加气混凝土隔墙板的特征

该隔墙板能够在建筑行业中得到广泛的应用，与其自身具备的优良特性有着非常密切的联系。对于蒸压加气混凝土隔墙板来说，其首要特性是厚度特别小，板自身的质量也比较小，这种隔墙板在实践运用时可以对房间的真正运用空间加以恰当扩充；第二个突出的特性是其具有非常好的隔热、隔音效果，也不会因为生产、安装对环境带来不利影响，有着非常好的环保性能；第三个特性是安装施工操作非常简单，能够在短时间内就完成相应的安装和拆卸，能够使整个隔墙板安装工程的施工效率得到巨大的提升，同时，还能够缩减施工人员工作量，提升

施工效率。

三、混凝土隔墙板工艺流程和操作要点

1. 蒸压加气混凝土隔墙板工艺流程

对于这种新型隔墙板而言，其施工的具体过程为：①在施工正式开始之前，必须要做好全面的准备工作，首先，要对隔墙板进行科学的排版，之后，应在此基础上进行放样选材；②做好完善的准备工作后，需要对钢板进行电焊连接处理，之后在电焊连接的基础上进行进一步的加固处理；③在板材结构固定好之后，需要对其安装位置进行进一步校正，并且要能够对焊接螺栓进行二次固定，之后就可以对安装过 程中形成的板缝进行灌补，并且可以对板面进行适当的修整；④在上述所有工作都完成后，组织相关工作人员对其进行验收。

2. 蒸压加气混凝土隔墙板操作关键点

在隔墙板实操应用的过程中，有非常多的内容需要注意，首先要做的就是在隔墙板的上、下端画出边线和中心线，之后再画出详细的墙板安装图，通常情况下，需要将隔墙板的基准控制在600mm左右，如果部分隔墙板没有达到该基准要求的话，那么在锯切之后要统一将所有不符合要求的隔墙板整齐地摆放在墙角边，严禁随意乱放。

如果在安装的过程中，发现隔墙板没有门洞，则需要采用一端到另一端的方式来进行操作。其中，隔墙板的纵向角钢要能够与地面完全接触，严禁接触面层上出现缝隙；其次，钢板的表面要能够和水平面之间保持平衡，对于墙板螺栓的使用，要能够符合螺栓使用的基本准则，这样能够给后期维护保养工作的顺利开展提供便利。

对于蒸压加气混凝土隔墙板的安装来说，整个安装工作必须以门洞为安装起点，从面洞逐渐延伸。对于隔墙板的门洞来说，为了提高隔墙板的整体性，最好可以采用整块板来进行操作，在无法达到实际要求的情况下，需要对板宽进行严格的把控。一般情况下，需要将其控制在200mm内。对于隔墙板门洞的安装来说，高度和宽度不同的情况下，具体的安装措施和安装方法也存在着较大的差别，当隔墙板的门洞宽度小于1100mm时，就必须要采用扁钢来对其进行固定，如果门洞宽度大于1100mm，则需要采用纵、横角钢对其进行固定（图4-20）。

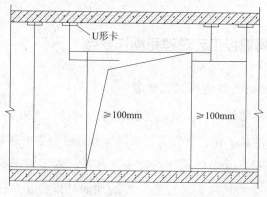

图4-20　内墙门洞口安装节点

在安装的过程中，应在隔墙板间预先留出水管和电路管道的空间，在该环节应当注重的是，一定要确保水管与电路管道的宽度不大于隔墙板宽度的一半，如此就能够防止固定不稳固问题的出现。在一些特殊情况下，可能需要将预留的宽度控制在280mm左右，之后在此基础上进行进一步的增固。在隔墙板装设完毕后，还应清理水管与电路管道的预留孔，对于水管管道与电路管道而言，可以运用切割机将其切为恰当的长度。应当注重的问题是，切割完毕以后，应对其的牢固程度进行查验。

除了上述几处加固位置外，在底板以及顶板540~740mm位置处的T字和十字交接处及墙角位置都需要进行进一步的加固处理。在此过程中，一般都采用防锈钢筋来作为主要的支撑架进行固定。对于T字交接处来说，还可以采用单独增加槽型和开槽加管的方式进行加固，如果在施工过程中因为特殊情况，使得隔墙板的安装高度超3m，或者是不足定位高度时，则还需要增加使用加固模式，选择科学可靠的加固方法才能够使隔墙板的稳定效果得到保障。

在将隔墙板嵌进墙板内时，对于隔墙板的规格选择有着非常高的要求，需要使用和墙板相同规格的隔墙板，在安装过程中还要能够采用垂直安装的方法，使得隔墙板在正常安装过程中不会受到自身重力的影响。在固定、安装工作都完成之后，需要灌入微膨型的混合砂浆，且在灌缝的过程中，要保证砂浆用量的充足，保证所有的安装缝隙都被灌满砂浆，同时，还要能够将板缝的宽度控制在5mm以内。之后就需要对板缝的外围材料进行科学的选择，其水泥浆的使用比例应为1:6。在对板缝进行粘贴时，要能够将胶网布的宽度控制在50mm左右，具体需要结合施工现场的实际情况来做出最终的确定。

在对墙、柱、隔墙板进行连接时，可以选择使用以下两种连接方式：①可以采用黏结剂进行连接，常用的黏结剂包括修补粉以及嵌缝黏结剂等；②为了保证在后期施工中，能够使 PE 棒和岩棉能塞入隔墙板中，在连接的过程中还要能够预先留设 9 ~ 15mm 左右的有效间隙，同时还要能够采取封闭式的泡胶对其进行适当的处理（图 4 - 21）。

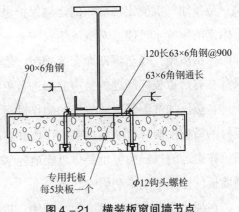

图 4 - 21　横装板窗间墙节点

3. 蒸压加气混凝土内隔墙板施工质量要求

在修补的过程中，应正确选择修补砂浆的型号。在此过程中，不仅要将水泥与沙子之间的混合比例进行合理控制，还要保证施工过程中所有使用的水泥标号、砂子型号都和之前一样，如果两者之间存在较大的差异，就会对最终的修补效果带来巨大的影响。同时，其外观形象也会对整个构造物的经济价值带来一定的影响。

在安装期间，设计人员和操作人员的所有行为都应符合国家相关技术标准要求，严禁对技术要求和施工要求进行更改。质量验收人员在开展验收工作时，也应严格按照国家相关的验收标准和规范开展具体的验收检查工作。

在安装的过程中，为了给后期的补修和维护工作提供便利，需要对隔墙板的安装位置、尺寸、数量等信息进行详细的记录。

由于隔墙板的安装涉及非常复杂的安装流程和工艺流程，因此，为了方便安装工作的开展，应设计完善的设计图纸。图纸在整个安装工作中，是非常重要的交流工具，连通着管理人员、设计人员以及施工人员。规范的图纸也是保证隔墙板稳定安装和生产的重要因素。

4. 蒸压加气混凝土隔墙板质量保障的有效措施

蒸压加气混凝土隔墙板在进入施工现场之后，需要利用专业的吊具及夹具来对其进行吊装和拆卸。在此过程中，需要使用质地柔软的绳子对其进行固定。在对隔墙板进行放置保存时，应选择地势平坦的地面进行放置，并且要保证干燥通风。如果对于隔墙板的放置没有特殊要求的话，可以事先在下面铺设一层柔软的材料，防止隔墙板与地面之间因接触而出现损伤。

蒸压加气混凝土隔墙板的运输保护也是非常重要的工作。运输过程中，在多重因素的影响下可能会对隔墙板材带来一定的损伤，因此，运输过程需要做好全面的保护措施，在车辆四周安装护垫，运输到施工现场后需要及时进行检查；如果存在有严重损坏问题的，应立即进行更换。

在蒸压加气混凝土隔墙板的制作过程中，加强对制作原材料的控制对于整个板材的质量控制有着非常重要的作用和意义。要购买质量可靠、较好的沙子和水泥；在搬运的过程中，也要尽可能地轻拿轻放，严禁出现暴力拆卸行为，防止对隔墙板的性能造成不利影响。

在现代化城市建设发展的过程中，提出了节能、环保的全新时代发展理念，各个行业都应加快材料的更新速度，在传统材料的基础上进行进一步的优化升级，或结合实际需要研制新型的建设材料。而蒸压加气混凝土隔墙板材料就是一种性能优越的新型材料，符合当前阶段建筑工业化、住宅产业化的相关要求，能够满足节能、环保的时代发展需求，因此得到了大范围的推广使用。对于新型隔墙板材的应用，在一定程度上减少了黏土实心砖的使用，同时在施工现场不需要开对构造柱、梁等构件进行现场的浇筑，已经能够做到现场的无湿作业。此外，在施工过程中，使用新型隔墙板材还能够有效防止墙面开裂、空鼓等问题的出现，给施工企业带来较高的经济效益。

第 10 节　利用城市生活垃圾焚烧炉渣
制备蒸压加气混凝土板材

随着城市化经济的快速发展，人们生活产生的垃圾日益增多，而生活垃圾作为一种热值很高的能源，每 2t 垃圾燃烧产生的热量与 1t 煤相当。垃圾焚烧处理后仍残留一定的固体残渣，其中，在热回收利用系统及烟气净化系统中残留大量的垃圾飞灰，约占垃圾总量的 5%。炉渣与飞灰总量仍有 20%～30% 的质量留在了灰渣当中，并且产生的飞灰与炉渣具有毒性，很难处理，会在堆积后造成污染环境。因此，如何处理焚烧生活垃圾灰渣成为当下亟待解决的问题。

焚烧生活垃圾灰渣的主要成分有飞灰和炉渣。前者富集了很多重金属和二噁英类有机物，毒性相对较大，需要按危险废物进行处理。并且因为其有机成分的存在，非常不利于加气系统维持碱性环境。而炉渣具有一定活性，可投入蒸压加气混凝土生产使用。蒸压加气混凝土是一种轻质、多孔的建筑材料，它是在水泥、石灰、砂或粉煤灰等材料的混合料中加入与其密度相适应的发泡材料，经成型硬化和高温蒸汽养护而得的混凝土，也是轻质混凝土中多孔混凝土的一种。

本小节就如何有效利用城市生活垃圾焚烧炉渣而又不至于对生态环境造成不利影响，利用城市生活垃圾焚烧炉渣制备蒸压加气混凝土板材（AAC 板）的可行性进行试验研究，探寻城市生活垃圾焚烧炉渣新的资源化利用途径，从而获得经济效益和环境效益。

一、试验

1. 原材料

试验所用焚烧炉渣原料的外观特性为：焚烧炉渣（F）呈灰棕色，成分较杂，颗粒较粗（图 4 - 22）；石英尾矿（S）外观呈黄色，颗粒较细，二氧化硅含量很高（图 4 - 23）。由表 4 - 10 可以看出，焚烧炉渣属于高温灼烧后产物，各成分指标参考粉煤灰标准，焚烧炉渣的二氧化硅和烧失量满足《硅酸盐建筑制品用粉煤灰》（JC/T 409—2016）的标准要求，利用其高活性可以进行板材的试验制作。其中，石灰为中慢速石灰，消解时间为 10min，消解温度为 86℃，水泥采用 42.5 普通硅酸盐水泥。

图 4 - 22　焚烧炉渣

图 4 - 23　石英尾矿

试验将焚烧炉渣作为主要的硅质原料，由图 4 - 24 焚烧炉渣的 XRD 图谱可知，其主要成分 SiO_2、Al_2O_3 和 CaO。焚烧炉渣可考虑用于制备蒸压加气混凝土。

表 4 –10　各原材料的主要化学成分/质量分数%

项目	SiO$_2$	Al$_2$O$_3$	Fe$_2$O$_3$	CaO	SO$_3$	燃失量
焚烧炉渣	50.16	7.59	4.49	19.29	—	4.36
石英砂	95.18	1.39	0.42	0.24	—	
石灰	3.12	0.74	0.12	82.65	—	3.84
水泥	21.85	5.32	3.15	55.32	1.80	
石膏	0.82	0.24	0.88	33.09	42.86	

2. 试样制备与配比设计

试验设计 4 组配比，固定石灰、水泥与石膏的用量，将掺入的石英砂按 15%、20%、25%调整；对原材料进行细度处理，过 120 目筛，称量，搅拌混匀，加水搅拌，调整合适的黏稠度；再加入 0.09% 铝粉，搅拌结束后将浆体浇注

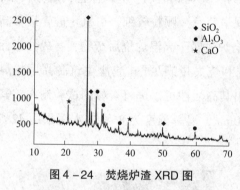

图 4 –24　焚烧炉渣 XRD 图

入 150mm × 150mm × 150mm 的模具中，再经过静停、脱模、蒸压养护。浇注温度为 38℃，浇注扩散度控制在 25 ~ 26cm。蒸压养护制度为：排空 1h；恒压压力 1.2MPa，温度 190℃，恒压时间 7h。出釜后，切割成 100mm × 100mm × 100mm 的标准测试样块，进行抗压强度测试；并将测完后的制品破碎，粉磨，进行 XRD 和 SEM 测试。

试验固定石灰与水泥的占比，其总占比为 28%，即石灰占比 15%，水泥占比 13%；同时，石膏占比为 3%，铝粉用量为总干物料的 0.09%。调整焚烧炉渣与石英砂的不同配比，石英砂掺量为 0 ~ 35%，各组标记为 A1、A2、A3、A4 和 A5；配比设计见表 4 –11。

表 4 –11　砌块配比设计

编号	焚烧炉渣占比/%	石英砂占比/%	石灰占比/%	水泥占比/%	石膏占比/%	铝粉占比/%
A1	69	0	15	13	3	0.09
A2	59	10	15	13	3	0.09
A3	49	20	15	13	3	0.09
A4	39	30	15	13	3	0.09
A5	34	35	15	13	3	0.09

3. 测试方法

利用岛津X射线衍射仪XRD-6000进行物相测试，利用S-4800场发射扫描电子显微镜进行微观形貌测试，按照《蒸压加气混凝土性能试验方法》(GB/T11 969—2008)进行产品性能测试。

二、结果分析

1. 焚烧炉渣与石英砂不同配比的抗压强度

从表4-12可以看出，随着石英尾砂的掺量提高，水料比逐渐增大，钙硅比减少。随着石英砂掺量的提高，制品的抗压强度也越来越高，但是掺量到35%时抗压强度下降，可能原因是钙硅比下降和颗粒级配变差。当石英砂的掺量为30%时，制品的抗压强度可达到B05、A3.5等级，满足蒸压加气混凝土板材的抗压强度要求，同时抗冻性满足标准要求，且水料比和钙硅比接近现场生产情况。

表4-12 试验参数和产品性能

编号	水料比	钙硅比	绝干密度/(g/cm³)	抗压强度/MPa	冻融循环15次抗压强度/MPa
A1	0.58	0.58	522	2.3	1.9
A2	0.59	0.52	513	2.8	2.4
A3	0.60	0.47	518	3.3	3.0
A4	0.61	0.43	510	3.6	3.3
A5	0.63	0.41	515	3.2	2.9

2. 物相组成和微观形貌

图4-25所示为A4样品的X射线衍射图，与标准卡片库对比可知，制备的蒸压加气混凝土砌块的主要晶相为石英、托勃莫来石、C-S-H凝胶和水石榴子石；大部分的SiO₂以结晶相存在而未参与水化反应作为基体，起到骨架作用。托勃莫来石衍射峰强度也比较高，结合图SEM照片可知，水热反应进行的比较彻底。图4-26为A4样品的SEM照片，晶体生产较好，针状或片状的水化产物石均匀致密

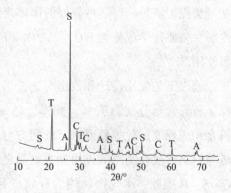

图4-25 A4砌块的XRD图
T—托贝莫来石；A—水石榴子石；
S—SiO₂；C—C-S-H凝胶

生长，与未反应基体牢固地黏结在一起，使体系的致密度更高，砌块的抗压强度得到有效的保证。

(a)放大250倍   (b)放大1000倍

(c)放大2000倍   (d)放大5000倍

图 4-26   A4 砌块 SEM 照片

焚烧炉渣是一种活性较好的固体废弃物，其吸水性不高，便于料浆黏稠度的控制。主要化学成分为 SiO_2、$Al2O_3$ 和 CaO，可以作为蒸压加气混凝土的硅质材料使用。

通过工艺配比设计和数据对比，当工艺配比中焚烧炉渣、石英砂、石灰、水泥、石膏含量分别为 39%、30%、15%、13%、3% 时，所制作的砌块抗压强度符合相应标准的优等品要求，此配方可用于蒸压加气混凝土板材的制作。焚烧炉渣与石英砂混合制得的砌块拥有结晶良好的水化产物托贝莫来石、水石榴子石及 C-S-H 凝胶；水化产物均为针状或片状，与未反应的颗粒穿插而成，絮状的 C-S-H 凝胶将水化产物与未反应颗粒牢固地黏结在一起，针状或片状的水化产物均匀致密生长，使体系的致密度更高，砌块的抗压强度增大。

第5章　对轻质混凝土隔墙板发展方向的思考

建筑隔墙板是我国推进建筑工业化进程的一种重要的建筑构配件。相比于砖、砌块类等传统的墙体材料，隔墙板具有尺寸大、规格标准、整体性好等优点。陈福广认为，按照目前的施工条件，使用预制墙板装配的效率是砌块施工的3倍以上。此外，墙板表面平整，可以减少大量砂浆抹面，降低建筑材料的消耗量。建筑隔墙板的推广使用，除了可以在一定程度上解决我国人口红利逐渐消失造成建筑工人短缺以及人工费用高昂的问题，还能促进装配式建筑的发展。

但是，隔墙板的行业准入门槛不高，企业间存在恶性竞争，隔墙板生产技术难点、安装等所需的配套技术少有人研究，造成市面上的隔墙板普遍存在面密度波动大、强度不达标、干缩值较大等质量问题，曾造成市场普遍排斥使用隔墙板的局面。

随着我国隔墙板生产厂家提高生产技术水平，产品的质量得以改善，隔墙板的优点重新受到人们的重视，隔墙板市场开始复苏。2017年，我国的隔墙板的销售额达 $1.8 \times 10^8 m^2$。"节约能源、固废利用、满足建筑工业化发展"是中国建筑材料联合会在2012年对新型墙体材料提出的发展要求。要真正实现隔墙板的推广使用，除了保证隔墙板满足使用和质量要求外，隔墙板的制备还需满足绿色、环保要求。

隔墙板可以根据其规格分为厚板和薄板两大类。其中，厚板指的是不需要使用轻钢龙骨固定的板，属于成品墙板，板厚就是墙体的厚度，例如陶粒混凝土隔墙条板、工业灰渣混凝土空心隔墙条板等；薄板属于半成品墙板，施工过程较复杂，例如纸面石膏板等，需与轻钢龙骨固定才能成为墙体，而且，一般需要在薄板装成的墙体中间填充芯材，以保证其隔声效果。我国的建筑（特别是住宅）对墙体的隔声要求较高（隔声量在40dB以上），不加芯材的薄板难以满足要求。为此，我国使用的隔墙板主要是厚板。

为实现用轻质混凝土制备的隔墙板满足绿色、环保的新型墙体材料发展要求，并提高其市场竞争力，本章从原材料、生产技术两大方面对我国建筑墙板（厚板）的现状进行了分析，并对未来发展方向提出了建议。

第1节　轻质混凝土隔墙板生产现状

一、轻质混凝土品种

用于制备隔墙板的轻质混凝土可以大致分为轻集料混凝土、轻质多孔（封闭孔）混凝土及轻集料多孔混凝土三大类。其中，轻集料混凝土中比较常用的是陶粒混凝土，但在制备密度较低的陶粒混凝土时，容易因为浆体与陶粒的密度差较大而造成陶粒上浮的现象。为此，在使用陶粒混凝土制备隔墙板时，一般会采取使用预湿后的陶粒以及在浆体中引入适量气体的方式降低浆体与陶粒的密度差，形成轻集料多孔混凝土——陶粒泡沫混凝土，以改善陶粒上浮的现象。而轻质多孔混凝土主要是指狭义上的泡沫混凝土及加气混凝土。

二、轻质混凝土隔墙板的质量要求

隔墙板的主要作用是分隔空间，从美观的要求看，隔墙板应不出现开裂、表面平整性好；而从使用要求来看，需要满足一定的强度、隔声和隔热要求。

我国隔墙板的种类丰富，不同类型的隔墙板质量基本都有相应的标准要求，表5-1为4项相关标准对隔墙板强度及面密度的性能要求。

表5-1　建筑隔墙板的强度及面密度要求

标准名称	适用范围	抗压强度/MPa	抗弯破坏荷载	面密度/（kg/m²）
《建筑隔墙用轻质条板通用技术要求》（JG/T 169—2016）	工业与民用建筑非承重隔墙轻质条板	混凝土条板≥5.0；水泥、石膏、复合条板≥3.5	（非复合板）板厚≤150mm时≥1.5倍板自重；板厚≥180mm时≥2倍板自重	板厚90（100）mm时：混凝土条板≤110，水泥、石膏、复合条板≤90；板厚120mm时，混凝土条板≤140，水泥、石膏、复合条板≤110
《建筑用轻质隔墙条板》（GB/T 23451—2009）	工业与民用建筑非承重隔墙轻质条板	≥3.5	≥1.5倍板自重	板厚90mm时≤90；板厚120mm时，混凝土条板≤110

标准名称	适用范围	抗压强度/MPa	抗弯破坏荷载	面密度/（kg/m²）
《灰渣混凝土空心隔墙板》（GB/T 23449—2009）	灰渣混凝土空心隔墙板、混凝土空心隔墙板	≥5.0	≥1.0 倍板自重	板厚 90mm 时 ≤120；板厚 120mm 时，混凝土条板 ≤140
《钢筋陶粒混凝土轻质墙板》（JG/T 2214—2014）	工业与民用建筑非承重内隔墙用钢筋陶粒混凝土轻质墙板	≥7.5	≥1.8 倍板自重	板厚 90mm 时 ≤90；板厚 120mm 时 ≤125

从表 5 - 1 可以看出，《建筑隔墙用轻质条板通用技术要求》（JG/T 169—2016）对我国多种轻质条板提出了较为具体的质量要求，但该标准在定义轻质条板上与《建筑用轻质隔墙条板》（GB/T 23451—2009）存在着一些差异。例如，《建筑用轻质隔墙条板》（GB/T 23451—2009）中，对板厚为 90mm 的隔墙板，要求其面密度≤90kg/m²，且其抗压强度≥3.5MPa；而《建筑隔墙用轻质条板通用技术要求》（JG/T 169—2016）则根据制备隔墙板的材料分为水泥、石膏条板，混凝土条板和复合条板三大类，而对板厚为 90mm 的混凝土条板要求其面密度≤110kg/m² 且抗压强度≥5.0MPa。

《灰渣混凝土空心隔墙板》（GB/T 23449—2009）、《钢筋陶粒混凝土轻质墙板》（JG/T 2214—2014）均涉及使用陶粒、陶砂制备的轻质隔墙板，但两者性能要求也存在差异，《灰渣混凝土空心隔墙板》（GB/T 23449—2009）对板厚为 90mm 的隔墙板，要求其面密度≤120kg/m² 且抗压强度≥5.0MPa；而《钢筋陶粒混凝土轻质墙板》（JG/T 2214—2014）对板厚为 90mm 的隔墙板，要求其面密度≤90kg/m² 且抗压强度≥7.5MPa。

在轻质混凝土中，混凝土的强度与密度呈正相关关系，而且混凝土的密度越低，其干燥收缩也通常越大。隔墙板越轻，对建筑控制建造成本、提升施工效率均有利，但考虑到隔墙板的使用及质量要求，我国的建筑隔墙板根据 JG/T 169—2016 进行隔墙板的质量检测和研发新种类的隔墙板较为适宜。

建筑隔墙板的质量可从外观质量、尺寸偏差、干燥收缩及强度 4 个方面进行控制。

（1）外观质量。指板面是否露筋、存在蜂窝或贯穿裂缝。板面露筋的现象一般是由于钢筋网放置位置不合适或混凝土振捣不规范造成的。板面蜂窝的出现与混凝土的质量(工作性能)密切相关,混凝土的流动性不好容易造成蜂窝麻面现象,每块板中,蜂窝的存在不能大于 3 处。而隔墙板的贯穿裂缝主要是混凝土自身干燥收缩或隔墙板成型后的脱模、运输过程中的人为因素造成的。对于人为因素造成的隔墙板贯穿裂缝,需通过保证养护时长或改善养护方式,以保证脱模前混凝土的强度和规范运输操作流程,避免裂缝的出现。

(2)尺寸偏差。尺寸偏差主要包括隔墙板的长度、宽度、厚度、对角线差、侧向弯曲及板面平整度等方面的偏差,偏差主要由成型的模具造成,一般能通过保证所使用模具的尺寸精度使隔墙板的尺寸偏差得以保证。板面平整度好是实现墙体薄抹灰或免抹灰工艺的前提,隔墙板的平整度偏差需 ≤2mm。而对于使用加气混凝土砌块砌筑的墙体,砌筑的墙体的平整度偏差通常控制在 4mm 以内。可见,隔墙板在墙体平整度上存在较大优势。

(3)干燥收缩。混凝土的干燥收缩是造成墙体裂缝的一个重要原因,对于混凝土隔墙板,其干燥收缩应不大于 0.50mm/m。

(4)强度。主要包括隔墙板的抗压强度、抗冲击性能、抗弯破坏荷载及悬挂力。尽管隔墙板属于非承重构件,但为了保证日常在墙面悬挂物品的使用需要,隔墙板的抗压强度应不小于 5MPa,悬挂力不小于 1000N。而隔墙板的抗冲击、抗弯性能是保证隔墙板在运输、安装过程中不出现贯通裂缝等质量问题的前提条件,其抗冲击性能不小于 5 次,抗弯破坏荷载不小于 1.5 倍自重(板厚≤150mm 时)。

三、轻质混凝土隔墙板的生产工艺

根据成型的方式,建筑隔墙板的制备方式主要有挤压和浇筑两种。采用挤压成型时,生产设备容易老化,在生产过程中会出现漏料现象,隔墙板的平整度难以保证,甚至出现龟裂现象。目前,我国的隔墙板生产主要是使用轻质混凝土浇筑成型,采用蒸压养护的方式,其生产工艺流程大致如图 5-1 所示。

图 5-1 所示为使用预发泡方式制备的泡沫混凝土生产隔墙板,若使用加气混凝土(化学方式发泡)制备隔墙板,则取消图中的发泡机的相关流程,并将"压型、静停"改为"静停及坯胎切割",其余步骤不变。

生产混凝土轻质隔墙板的质量控制要点有:

(1)通过使用轻质多孔混凝土及掺入陶粒等轻集料实现隔墙板轻质化。其中,加入陶粒等轻集料的目的除了实现轻质外,还能减小混凝土的干燥收缩值。

(2)利用蒸压釜,通过高温高压的二次养护工艺保证隔墙板的强度等质量要求。

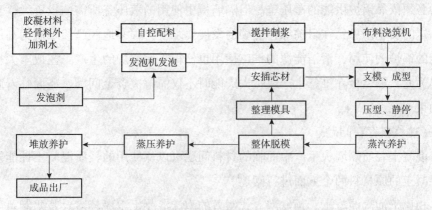

图 5 - 1 轻质混凝土隔墙板的生产工艺流程

四、生产轻质混凝土隔墙板存在的问题

我国的隔墙板生产中主要存在以下几点问题：

(1)部分研发人员和厂家对隔墙板质轻及强度 的认识存在误区。

隔墙板并不是越轻越好，不能盲目追求"质轻"。隔墙板实现质轻的方式主要有两种：一是使用密度低的轻质混凝土，二是提高抽空率。轻质混凝土的强度与其密度成正相关关系，密度较低的轻质混凝土难以保证隔墙板的强度，而且，轻质多孔混凝土的密度降低，其干燥收缩会增大。混凝土类隔墙板的抗压强度应不小于5MPa，隔墙板的强度太低，隔墙板的表面容易起灰，给粉刷及后续的装修带来不必要的麻烦。

隔墙板的强度，还包括其悬挂力、抗冲击、抗弯性能。其中，隔墙板的抗冲击、抗弯性能是保证其在运输及安装过程中不损坏的重要性能。而抽空率的设置不合理，除了影响隔墙板的抗冲击性能、抗弯性能，还影响其隔声效果、悬挂力等使用性能。

(2)生产工艺存在问题。

混凝土轻质隔墙板的生产中主要使用泡沫混凝土或加气混凝土。使用预发泡方式制备泡沫混凝土时，需要利用发泡机制备泡沫后，与已经搅拌好的料浆进行二次搅拌混合。而使用化学方式发泡的加气混凝土，尽管不需要二次搅拌，但发泡结束后会形成"蘑菇头"，需使用特定的工具进行"坯体"切割工序。优化轻质混凝土的制备方式是改善隔墙板生产工艺的一个重要研究方向。

从隔墙板的生产工艺可知，蒸压养护是保证产品质量的关键。但要实现蒸压养护必须依靠锅炉供能的蒸压釜。但隔墙板中使用的蒸压釜所需的投资大，且存在一定的安全隐患，在目前绿色低碳的发展要求下，很多地区已经限制为高压釜供能的锅炉的使用，清洁能源的推广使用也使得采用锅炉的生产工艺成本大幅上升。为此，隔墙板在推广生产或扩大产能时不仅需解决资金问题，还面临着政策的约束。

（3）材料存在问题。

混凝土轻质隔墙板生产中面临的材料问题可以从使用的轻质混凝土性能及制备混凝土的原材料两个方面进行阐述。

相比于加气混凝土，预发泡方式制备的泡沫混凝土工序较多。若要制备质量（强度、密度）稳定的泡沫混凝土，需注意搅拌过程中的泡沫稳定性和静止时的泡沫稳定性。搅拌过程的泡沫稳定性与所使用的骨料的粒径、搅拌制度（搅拌方式、时间、速度）有关，而静止时的泡沫稳定性主要与料浆的黏度和凝结时间有关。

使用化学方式发泡制备加气混凝土生产隔墙板时，其材料及浆体性能需严格控制。例如，需使用磨细的石膏、石灰，而且，需保证氧化钙含量在80%以上的中性石灰保证加气混凝土稳定发泡；需要磨细且二氧化硅含量在90%的硅砂，以保证加气混凝土制品在蒸压养护过程中的水化反应顺利进行。要保证隔墙板的质量，必须严格控制原材料的质量。

不管使用何种轻质混凝土，河砂都是一种重要的原材料，但目前我国建筑市场上河砂的价格越来越高，这对隔墙板行业的发展造成了比较大的困难。

此外，陶粒是一种比较常用的轻集料，但我国陶粒的生产技术水平仍需提高，市场上的陶粒质量差异性较大，部分陶粒仍利用黏土等不环保的材料制备，质量好的陶粒产量低且价格贵。为此，需掺入陶粒制备的隔墙板容易因为陶粒质量问题造成隔墙板质量的不稳定。如何解决河砂贵、陶粒质量问题是推广隔墙板的难点。

第 2 节　轻质混凝土隔墙板发展方向探讨

一、引气方式的优化

在混凝土中引入气体主要有4种方式：泡沫剂物理发泡、充气发泡、化学发泡和搅拌发泡。

泡沫剂物理发泡指的是预发泡方式，需依赖发泡机，是目前制备泡沫混凝土中较为常用的方式。

充气发泡的原理是利用压力设备(空气压缩机或鼓风机)产生压力将空气压入液相中实现两相的均匀混合，主要通过控制充气压力和充气时间两个因素控制引入的空气量。

化学发泡也称作后发泡方式，是加气混凝土制备方法，指的是在料浆中加入发气剂(例如铝粉膏或过氧化氢等)，发气剂与料浆混合均匀后发生化学反应实现在混凝土中引入气泡。料浆的温度、稠度等均会影响发气时间、发气量。

搅拌发泡是指在通过搅拌物理作用实现在混凝土中引气的方式，在搅拌前将表面活性剂或其他种类的发泡剂加入，通过控制搅拌速度、搅拌时间控制引气量。

泡沫剂物理发泡、充气发泡及化学发泡在生产墙体材料中均有一定程度的应用，但搅拌发泡方式目前只有在制备空气含量较低、抗冻性能较好的引气混凝土中应用。与其他发泡方式相比，搅拌发泡的生产工序较少，在隔墙板生产中应用无须改变现有设备或添置其他辅助设备，可直接通过控制搅拌速度及时间得到所需的混凝土，是值得在隔墙板生产中推广使用的一种方式。

二、推广应用免蒸压养护方式

免蒸压养护是指在制备混凝土制品时取消高温高压的养护工序，只采用常压高温常压养护达到质量要求，是一种符合绿色低碳发展要求的生产方式。工业上的免蒸压养护主要是指蒸汽养护、干热养护或自然养护，混凝土的水化产物结晶度较低，以钙矾石和 $C-S-H$ 凝胶为主。

而通过蒸压养护，混凝土内部的水化产物结晶度较高，以托勃莫来石和 I 型水化硅酸钙形成的致密多孔晶体连生体为主，而且，托勃莫来石对于提高混凝土的抗冻性、降低收缩等有利。

尽管高温高压的养护方式可以使混凝土的水化产物得到改善，但在高温高压的养护过程中，混凝土会出现微裂缝。郭玉顺等通过对比多孔混凝土经过常压蒸汽养护和高压蒸汽养护后的性能，认为经过常压蒸汽养护可得到较好的孔隙率，可弥补水化产物结晶度不高的劣势，进而得到不低于经过蒸压养护的混凝土的强度。岳涛通过复掺外加剂和活性矿物掺合料制得强度与密度满足 B08 级蒸压加气混凝土的免蒸压粉煤灰加气混凝土。王善冬通过配合比的调整及养护制度的优化得到与蒸压加气混凝土性能一致的免蒸压加气混凝土。但在建筑隔墙板生产中关于免蒸压养护的研究不多，值得科研人员展开探究。

三、采用全再生细骨料取代河砂

我国建筑行业面临建筑垃圾量多且处理难度大，河砂等原材料价格贵且短缺的挑战，而废弃混凝土占建筑垃圾的很大一部分。若在隔墙板或其他的墙材生产中实现废弃混凝土的再生利用，利用再生骨料取代传统骨料，不仅能有效减少建筑垃圾，还能减少河砂的消耗。

废弃混凝土的再生利用方式主要有两种：一种是将废弃混凝土破碎后筛分使用，粒径大于 4.75mm 的为再生粗骨料，粒径小于等于 4.75mm 的为再生细骨料；另一种是将废弃混凝土全部制备成粒径小于 4.75mm 的全再生细骨料再使用。

目前墙材的生产研究主要以利用废弃混凝土破碎后筛分的再生粗骨料和细骨料为主。佟钰等将废弃混凝土进行颚式破碎处理，以通过 100 目方孔筛的颗粒为原材料制备轻质多孔混凝土。周贤文利用再生细骨料和粗骨料制备出了空心砌块。

在轻质混凝土隔墙板生产中，为保证隔墙板质轻的特点，通常不会使用密度大的粗骨料或对其使用量很少。所以通过废弃混凝土同时制备成再生粗、细骨料的方式所得到的再生骨料在轻质混凝土隔墙板生产中的利用率较低。而且，传统方式制备的再生细骨料的水泥石含量高，导致其吸水率高，造成产品的品控难度加大。相比之下，由杨医博等提出的"全再生细骨料生产技术"生产的全再生细骨料，由于细骨料中含有约 40% 的碎石破碎得到的细骨料，其吸水率较低，性能更接近传统河砂，因而更适宜在轻质隔墙板生产中应用。

建筑隔墙板具有质轻、安装效率高等优点，是一种符合我国建筑工业化、住宅产业化的发展要求的墙体材料。但是，我国建筑隔墙板生产中尚存在一些问题亟待解决。

结合我国建筑行业的发展要求，优化混凝土的引气方式，采用免蒸压的低耗能养护方式，以及利用全再生细骨料代替传统的河砂实现固废利用，是提高建筑隔墙板市场竞争力，实现隔墙板绿色环保生产的重要途径。

参考文献

[1]庄剑英. 建筑节能与建筑节能材料[J]. 建筑节能，2005(7)：47－49.

[2]吴汝莉. 蒸压加气混凝土砌块抗压强度试验方法的研究[J]. 建材发展导向，2020(5)：5－8.

[3]中华人民共和国住房和城乡建设部. 砌体结构工程施工质量验收规范：GB 50203—2011[S]. 北京：中国建筑工业出版社，2012.

[4]陈国权. 蒸压加气混凝土砌块含水率对砌体性能的影响[J]. 福建建设科技，2016，31(4)：38－39.

[5]周春英，韦江雄，余其俊，等. 蒸压加气混凝土砌块的吸水特性研究[J]. 武汉理工大学学报，2007，29(4)：23－26.

[6]刘云才，江开宏. 加气混凝土砌块专用砂浆的性能与应用[J]. 新型墙体材料与施工，2003，8(9)：13－14.

[7]陈志聪，季韬，罗蜀榕，等. 加气混凝土砌块专用砂浆配合比研究[J]. 预拌砂浆，2009，14(1)：56－58.

[8]黄高明，邵滨，张建强，等. 加气混凝土砌体专用砂浆的研制与应用[J]. 新型建筑材料，2005，32(1)：21－23.

[9]罗树琼，管学茂，杨雷，等. 加气混凝土专用抹灰砂浆的研制[J]. 新型建筑材料，2007，34(1)：16－19.

[10]滕玉明，姜曙光，夏多田，等. 蒸压加气混凝土砌块专用砂浆配合比的研究[J]. 石河子大学学报(自然科学版)，2014，32(5)：64－67.

[11]封海波，吴敬龙. 蒸压加气混凝土专用砌筑与抹灰砂浆性能研究[J]. 预拌砂浆，2009，14(2)：62－64.

[12]中华人民共和国国家质量监督检验检疫总局，中国国家标准化管理委员会. 蒸压加气混凝土性能试验方法：GB/T 11969—2008[S]. 北京：中国标准出版社，2008.

[13]贾兴文. 粉煤灰加气混凝土吸水性能研究[J]. 房材与应用，2006，34(4)：9－11.

[14]冯宗林，刘次敢，罗阳. 蒸压加气混凝土砌块吸水特性的研究[J]. 2019，45(8)：6－7.

[15]冷闸，赵成文. 蒸压加气混凝土板的有限元分析[J]. 黑龙江科技信息，2010(2)：280.

[16]江见鲸. 钢筋混凝土结构非线性有限元分析[M]. 西安：陕西科学技术出版社，1994：44－176.

[17]孙国军，陈志华. 空间网格结构的构件重要性识别[C]. 第九届全国现代结构工程学术研

讨会.工业建筑,2009(增刊):581-585.

[18]金勇,程才渊.蒸压加气混凝土墙板连接节点性能试验研究[J].墙材革新与建筑节能,2009(2):34-39.

[19]张誉.混凝土结构基本原理[M].北京:中国建筑工业出版社,2000.

[20]刘立新.砌体结构[M].武汉:武汉理工大学出版社,2003.

[21]金勇,程才渊.蒸压加气混凝土墙板连接节点性能试验研究[J].新型墙材,2009(2):34-37.

[22]唐磊.含水率对蒸压加气混凝土砌块性能影响的试验研究[D].湘潭:湖南科技大学,2011.

[23]彭军芝.蒸压加气混凝土中孔的形成、特征及对性能的影响研究[D].重庆:重庆大学,2011.

[24]吴笑梅,樊粤明.粉煤灰加气混凝土水化产物的种类和微观结构[J].华南理工大学学报自然科学版,2003(8).

[25]薛海.浅谈蒸压加气混凝土孔结构及其影响因素[J].砖瓦,2016(12).

[26]周春英,韦江雄,余其俊,等.蒸压加气混凝土砌块的吸水特性研究[J].武汉理工大学学报,2007(4).

[27]孙抱真,李广才,贾传玖.蒸压加气混凝土的水化产物与强度和收缩的关系[J].硅酸盐学报,1983(1).

[28]邓耀祥,鲁秀韦.蒸压加气混凝土含水率与抗压强度相互关系的研究分析[J].广东建材,2017(7):25-27.

[29]陆洁,刘品德,丁小龙,等.蒸压加气混凝土制品热耗和节能途径分析[J].混凝土与水泥制品,自然科学版,2019(6):34-37.

[30]肖承龙,黄勃.付劲松蒸压加气混凝土立切立蒸与卧切卧蒸工艺对比分析[J].砖瓦,2021(3):44-47.

[31]唐明阳.浅论蒸压加气混凝土砌块和墙板产生生芯、水印的原因及解决方法[J].砖瓦,2021(2):21-23.

[32]周冲,刘若南,王羽,等.蒸压加气混凝土板技术研究与应用[J].施工技术,2020(8).

[33]张正伟,郑斌,乔蓉艳.浅议装配式建筑轻质墙板的应用现状[J].建材发展导向,2020,18(16).

[34]王文昌.浅谈蒸压加气混凝土板非模具长度尺寸的板材生产方式[J].砖瓦,2021(7):34-35.

[35]中国建筑标准设计研究院,南京旭建新型建筑材料公司.03 SG75—1.蒸压轻质加气混凝土板(NALC)构造详图[S].北京:中国建筑标准设计研究院,2003.

[36]黄国宏,王波,钱刚毅,等.轻质加气混凝土墙板洞口设计与加固技术[J].施工技术,

2011，40（344）：8 – 11.

[37]杨明龙，李军．蒸压轻质加气混凝土内隔墙板的施工技术[J]．环球市场，2019（18）：303 – 322.

[38]路龙伟，刘国辉．蒸压轻质加气混凝土内隔墙板的施工技术[J]．建材与装饰，2019（14）：33 – 34.

[39]李彩霞，童伟伟．蒸压轻质加气混凝土内隔墙板的施工技术[J]．四川建材，2018（12）：239 – 240.

[40]王贺月，蔡基伟，赵慧，等．长英岩蒸压加气混凝土的主要性能研究[J]．混凝土与水泥制品，2019（08）：80 – 82.

[41]杨婕雯．蒸压加气混凝土热工性能研究[D]．长沙：中南林业科技大学，2019.

[42]陈福广．贯彻"创新、绿色"发展理念推进墙材行业高质量发展[J]．砖瓦世界，2019（03）：2 – 9.

[43]李庆繁．优质蒸压加气混凝土砌块的生产[J]．砖瓦世界，2019（02）：36 – 43.

[44]梁咏宁，徐长城，季韬，等．中性钠盐碱矿渣水泥蒸压砂加气混凝土砌块的性能研究[J]．墙材革新与建筑节能，2019（02）：25 – 30.

[45]樊娟莉．轻质蒸压砂加气混凝土墙板的综合性能分析[D]．西安：长安大学，2017.

[46]苗仲仁．探究蒸压型轻质加气混凝土墙板在装配式钢结构住宅中的应用[J]．建材发展导向，2016，14（7）：40 – 41.

[47]贺超．蒸压型轻质加气混凝土墙板在装配式钢结构建筑中的应用[J]．商品与质量，2019（4）：274.

[48]段秉煜．蒸压加气混凝土隔墙板的施工及其应用[J]．材料分析，2021.42 – 43.

[49]李雪松，何兵兵，崔文一．我国加气混凝土的生产应用研究现状[J]．江西建材，2016（19）：4 – 7.

[50]周春英，韦江雄，余其俊，等．蒸压加气混凝土砌块的吸水特性研究[J]．武汉理工大学学报，2007，29（4）：22.

[51]王栋民，张琳．干混砂浆原理与配方指南[M]．北京：化学工业出版社，2010：59.

[52]李磊，李崇智．加气混凝土板专用快硬修补砂浆的试验研究[J]．江西建材，2019（2）：9 – 10.

[53]张希，滕藤，李赵相．城市生活垃圾焚烧飞灰在建筑材料中的资源化利用[J]．砖瓦，2017（7）：38 – 42.

[54]常豪，张岚，赵江．焚烧生活垃圾的灰渣用于生产烧结砖原料的可行性研究[J]．砖瓦，2009（7）：6 – 8.

[55]罗忠涛，肖宇领，杨久俊，等．垃圾焚烧飞灰有毒重金属固化稳定技术研究综述[J]．环境污染与防治，2012，34（8）.

[56]宋言，张雪，刘梦瑾，等．垃圾焚烧飞灰中重金属的固化/稳定化处理研究[J]．广东化工，2019，46(14)：24 – 25.

[57]陈新疆，刘品德，顾城名，等．余甲峰利用城市生活垃圾焚烧炉渣制备蒸压加气混凝土板材[J]．砖瓦，2021(1)：8 – 10.

[58]贺俊芳．新型 ALC 板墙安装质量控制及防裂控制[J]．山西建筑，2015，41(9)：218 – 219.

[59]卢艳楠，肖昭然．ALC 墙板在某机场航站楼中的应用[J]．河南建材，2015，17(3)：179 – 180.

[60]邸芃，赵旭．ALC 节能墙板裂缝成因及控制[J]．施工技术，2015，45(16)：64 – 67.

[61]温殿波，原瑞增．基于 ALC 墙板的装配式轻钢结构农房标准化户型研究[J]．河南科技，2018，43(13)：113 – 116.

[62]苗启松，卢清刚，刘华，等．蒸压加气混凝土外墙板系统关键技术研究[J]．建筑结构，2019，49(S1)：65 – 69.

[63]牛培栋，丁亮，谭斌，等．ALC 墙板的施工技术研究[J]．青岛理工大学学报，2018，39(3)：149 – 150.

[64]张暄．ALC 墙板在 H 型钢高层住宅楼中的应用[J]．安徽建筑，2004，31(1)：103 – 105.

[65]周国森，吴兴涛，陈琛，等．ALC 轻质隔墙板裂缝防治技术研究[J]．建筑技术开发，2016，43(3)：131，142.

[66]郭志辉，方三陵，胡志启，等．蒸压加气混凝土板材墙体防裂关键技术研究与应用[J]．四川建筑，2020，46(11)：30 – 31.

[67]谢勇，施潇韵，孙杰．蒸压加气混凝土板结构性能现状分析和对策探讨[J]．砖瓦，2018(6)：81 – 84.

[68]Yang H W. Exterior Wall Thermal Insulation Technology and Application of Building Energy – saving Materials[J]. Construction & Design for Engineering, 2017(11)：41 – 42，45.

[69]Getz D R, Memari A M. Static and Cyclic Racking Performance of Autoclaved Aerated Concrete Cladding Panels[J]. Journal of Architectural Engineering, 2006，12(1)：12 – 23.

[70]Kurama H, Topcu, Karakurt C. Properties of the autoclaved aerated concrete produced from coal bottom ash[J]. Journal of Materials Processing Technology, 2009，209(2)：767 – 773.

[71]Tomá. Coupled shrinkage and damage analysis of autoclaved aerated concrete[J]. Applied Mathematics and Computation, 2015，267：427 – 435.

[72]Ghazi, Wakili. Thermal behaviour of autoclaved aerated concrete exposed to fire[J]. Cement and Concrete Composites, 2015，62：52 – 58.

[73]金勇，程才渊．蒸压加气混凝土墙板连接节点性能试验研究[J]．墙材革新与建筑节能，2009(3)：34 – 37.

[74]李晓丹. 轻质蒸压砂加气混凝土墙板的设计与研究[D]. 西安：长安大学，2014.

[75]Fallah S, Khodaii A. Evaluation of parameters affecting reflection cracking in geogrid–reinforced overlay[J]. Journal of Central South University, 2015, 22(3): 1016–1025.

[76]陈博珊. 蒸压加气混凝土板力学试验及数值模拟研究[D]. 北京：北京建筑大学，2016.

[77]徐春一，徐怡婷，孟祥君. 装配式配纤维格栅 ALC 砌块墙板抗弯性能试验研究[J]. 新型建筑材料，2019(4)：55–58，67.

[78]国家发展和改革委员会. 新型墙材推广应用行动方案[N]. 中国建材报，2017–02–16.

[79]常豪，周炫，张玉军，等. 我国建筑墙板行业发展现状[J]. 砖瓦，2016(6)：42–45.

[80]周炫. 我国建筑隔墙板现状及发展态势[J]. 混凝土世界，2010(7)：12–15.

[81]中国混凝土与水泥制品协会墙板分会. 2017 年度墙板行业发展报告[J]. 混凝土世界，2018(3)：26–28.

[82]陈福广. 国外建筑板材产品及其生产工艺简介[J]. 墙材革新与建筑节能，2010(9)：23–26.

[83]陈福广. 加快发展技术先进的优质板材推进住宅产业化进程[J]. 新型建筑材料，2014，41(9)：1–5.

[84]中国建筑材料联合会. 推动墙体材料转型升级[J]. 建设科技，2012(23)：14.

[85]杨伟军，左恒忠. 工业灰渣混凝土空心墙板生产及应用技术[M]. 北京：中国建筑工业出版社，2011.

[86]徐星. 轻质墙板的发展及其在建筑中的应用前景[J]. 安徽建筑，1998(5)：99–100.

[87]丁庆军，张勇，王发洲，等. 高强轻集料混凝土分层离析控制技术的研究[J]. 武汉大学学报(工学版)，2002，35(3)：59–62.

[88]叶列平，孙海林，陆新征. 高强轻骨料混凝土结构：性能、分析与计算[M]. 北京：科学出版社，2009.

[89]郑雯，杨钱荣，王冰，等. 工业废渣陶粒混凝土性能及其影响因素研究[J]. 粉煤灰综合利用，2016(4)：3–6.

[90]刘恭少. 轻质条板将向何方[J]. 墙材革新与建筑节能，2006(10)：21–24.

[91]刘文斌，张雄. 陶粒泡沫混凝土收缩性能研究[J]. 混凝土，2013(11)：105–107.

[92]陈志纯，李应权，扈士凯，等. 我国陶粒泡沫混凝土发展现状[J]. 墙材革新与建筑节能，2017(10)：33–35.

[93]刘恭少. 轻质条板将向何方[J]. 墙材革新与建筑节能，2006(10)：21–24.

[94]陈越云. 蒸压釜常见安全事故隐患及运行注意要点[J]. 广东建材，2013，29(7)：77–79.

[95]罗云峰. 泡沫混凝土及其应用于制备复合夹芯墙板的研究[D]. 广州：华南理工大学，2016.

［96］张巨松，王才智，黄灵玺，等．泡沫混凝土［M］．哈尔滨：哈尔滨工业大学出版社，2016.

［97］李寿德，陈烈芳，宋淑敏．我国人造轻骨料及轻骨料混凝土的现状与发展概况［J］．砖瓦，2006（2）：48－51.

［98］曹德光，陈益兰．新型墙体材料教程［M］．北京：化学工业出版社，2015.

［99］高连玉，李庆繁．蒸压加气混凝土建筑制品生产及应用［M］．北京：中国建材工业出版社，2015.

［100］郭玉顺，陆爱萍，郭自力．多孔混凝土成分、孔结构与力学性能关系的研究［J］．清华大学学报（自然科学版），1996（8）：44－49.

［101］曾威振，杨医博，李颜君，等．对轻质混凝土隔墙板发展方向的思考［J］．新型建筑材料，2019（5）：93－97.

［102］岳涛．免蒸压粉煤灰加气混凝土开发研究［D］．重庆：重庆交通大学，2010.

［103］王善冬．免蒸压加气混凝土制备与性能研究［D］．南京：东南大学，2016.

［104］朱缨．建筑废弃混凝土再生利用的分析与研究［J］．新型建筑材料，2003（9）：57－59.

［105］佟钰，张君男，田鑫，等．废弃混凝土回收制备轻质混凝土的试验研究［J］．硅酸盐通报，2015，34（4）：1066－1070.

［106］于献青，陈金友，马少俊，等．建筑废弃物产业化和工程应用［J］．墙材革新与建筑节能，2015（9）：29－34.

［107］杨医博，郑子麟，郭文瑛，等．全再生细骨料的制备及其对混凝土性能影响的试验研究［J］．功能材料，2016，47（4）：4157－4163.